自 我 剖 析

Self Contemplation

人的创造力的

哲学探秘

陈绍安　韩荣兰　著

暨南大学出版社
JINAN UNIVERSITY PRESS

中国·广州

图书在版编目（CIP）数据

自我剖析：人的创造力的哲学探秘 / 陈绍安，韩荣兰著. —广州：暨南大学出版社，2022.8
ISBN 978 - 7 - 5668 - 3467 - 6

Ⅰ.①自…　Ⅱ.①陈…②韩…　Ⅲ.①创造性—研究　Ⅳ.①B842.5

中国版本图书馆 CIP 数据核字（2022）第 139127 号

自我剖析——人的创造力的哲学探秘
ZIWO POUXI——REN DE CHUANGZAOLI DE ZHEXUE TANMI
著　者：陈绍安　韩荣兰
···

出 版 人：张晋升
责任编辑：陈绪泉
责任校对：刘舜怡　林玉翠
责任印制：周一丹　郑玉婷

出版发行：暨南大学出版社（511443）
电　　话：总编室（8620）37332601
　　　　　营销部（8620）37332680　37332681　37332682　37332683
传　　真：（8620）37332660（办公室）　37332684（营销部）
网　　址：http：//www.jnupress.com
排　　版：广州良弓广告有限公司
印　　刷：佛山市浩文彩色印刷有限公司
开　　本：787mm×960mm　1/16
印　　张：13.25
字　　数：240 千
版　　次：2022 年 8 月第 1 版
印　　次：2022 年 8 月第 1 次
定　　价：59.80 元

前　言

　　该书是在当今国际竞争日趋激烈的背景下写的，目前，我国很多技术受制于西方发达国家，创新能力远远不足。

　　作为一个教育者，到底如何激发人们的潜能，培养他们的创新能力呢？这要从内部和外部找原因。首要的问题是"认识自己"。根据达尔文的进化学说，人类真正出现在地球上大约在400万年以前，现代人是智人的后代，大约出现在20万～28万年以前，相对于宇宙漫长的演化也不过是一刹那。从人的生物学特性来看，人类是一个生物种，与其他生物种并没有本质的区别。人与其他动物本质的区别是什么？我们主要从文化上来探讨。

　　首先，人类的大脑形成思维能力，特别是演化出了抽象思维能力；其次，人类发展出语言能力，可以彼此之间进行交流学习。所以一方面人可以通过学习掌握符号语言，进行文学创作，达到了储存、积累和传递文化信息的作用；另一方面人类的双手从行走中解放出来，使人类具有使用和制造工具的能力。另外，还有一个重要的特点，就是人类形成了发达的社会组织，使得任何一项技术或发明可以迅速传播开来。从中可以看出，人类不仅有储存和保存文化的能力，还有不断创造的能力，创造力可以直接推动人类的进步。不同的民族在交通不发达的情况下由于地理的隔绝，最终走向不同的发展方向，形成了不同的民族特色和文明特点。我们试图通过不同民族文明发展的特点，找出它们的创造力的源泉。而哲学就是打开这扇门的钥匙，其他的科学如人类学、心理学等都是从哲学中演化出来的。通过哲学的探讨可以领略到不同民族的各种真知灼见，探究其思想根源和人性特点。

　　人类出现符号记载的时间也不过上万年，却创造了史无前例的物质文明和精神文明，这些创造力是如何被激发出来的？是先天的还是后天的？或者是两者的合力，各占比多少？为什么东西方形成不同的文明？文化的多样性是由什么决定的？这些都是我们需要思考的问题。可以说，人类本身就是一个奥秘，就是一个谜。人类现在可以做到上天入地，人类为什么能做到这些？人类最终要走向何方？一个有限的我，如何达到一个无限的我？

本书根据人的自我剖析：把人的结构分为身、心、灵三个层次，对每一个层次分别加以论述，并摘取古今中外著名的思想家的观点及其对后人的影响进行阐述。同时把"心"又划分为知、情、意三个部分，对它们所蕴含的潜能和如何开发也进行分析和论述，这些可以为我们的教育提供一些帮助。

此外，本书不仅可满足于人们对知识的获取和对创造力的开发，更重要的是为如何过一种有价值、有意义的生活提供参考。这就不得不重点提到人的精神性，也就是灵。

虽然身心发展是必要的，但是灵的发展才是最重要的，如果不能觉悟到灵，人的智慧就成了无源之水，终将枯竭。人，作为宇宙的精灵，是宇宙经过亿万年演化而成的，如果不能和整个的实在界相通，便不能回归宇宙的本源，终将失去创造力的来源，沦为生命中普通的一员。

可以说，中西方哲学都为我们指明了方向，中国儒家提出了"仁"的境界，道家提出了"道"，佛教提出了"空"，亦即涅槃。西方提出了"上帝"，这里的"上帝"就相当于"天""道""梵""安拉""存在"，它指的就是一种超越界。虽然它说不清楚，就如老子所说，"道可道，非常道"，但它是身心发展的方向。灵的题材不必然与宗教有关，它是一种赋予自己生命意义的能力。换言之，灵是一种力量，使人能自觉地赋予整个过程以意义。这个能力是每个人都具备的。如果不加以开发，那么生命就好像踩在薄冰上，基底薄弱，不易站稳；反之，如果能逐步开发灵的力量，就可以承受身心的各种考验。可以说，灵使身心活动获得意义，使人内心免于撕裂的痛苦，是人源源不断的创造力的源泉。

本书结构划分如下：第一章介绍人生问题的思考方法；第二章分别针对身、心、灵三个层次加以论述；第三章重点介绍中国哲学对人性的分析；第四、第五章介绍东西方理想人性之建构方式及比较分析，主要从文化的角度来看东西方人性的走向及产生的文明成果；第六章主要谈论人的潜能的开发以及发展方向。

本书虽力求有所创新，但因水平所限，时间仓促，只能略明一二，如有错误和不当之处，敬请指正。

陈绍安　韩荣兰

2022 年 5 月 15 日

目　录

人类，宇宙的精灵。宇宙经过亿万年的演化，终于孕育出了人类这种具有灵性的生物。人类从诞生之初就不停地追问：我从哪里来？要到哪里去？古今中外的圣贤用他们的洞见不断地启示着后人。正如宋代儒学家张载所言："为天地立心，为生民立命，为往圣继绝学，为万世开太平。"

　　人类不再被动地受着命运的摆布，带着好奇而充满疑虑的眼光探寻这个世界。从物质世界到生命世界，从宇宙到人类自身。可以说，从宏观到微观，从星系团—星系—恒星—行星—卫星—分子—原子—量子，从无生命到有生命，见证了宇宙的浩瀚无垠、大自然的瑰丽怪奇、生命的璀璨与脆弱，这些无不震撼着人类的心灵。而人类又是如何意识到这一切呢？这无疑是一种奥秘。这种奥秘不断烦扰人类本身，促使人类时刻在思考身与心、物质与意识、道德与自由意志，它们到底从何而来，为什么让人如此琢磨不清？我们到底能认识什么？知识具有确定性吗？本书将跟随前人的脚步，领略古今中外圣贤对自我的探秘。

第一章　自我人生问题的思考方法

本章重点介绍四种分析方法：逻辑、语言学、现象学、诠释学，作为分析问题的立足点，找出问题的关键，便于沟通和处世。

第一节　逻辑

逻辑被称为思想的法则，正如社会法则使社会成为可能，逻辑则使思想成为可能。

一、逻辑遵循规律

逻辑遵循以下规律：无矛盾律、同一律、排中律。

（一）无矛盾律

没有任何东西能同时既具有一个性质又没有这个性质（不能同时陈述既是对的又是错的）。

（二）同一律

任何事物都与它自身同一（任何事物都是它自身而不是其他东西）。

（三）排中律

任何事物要么具有某种性质，要么不具有该性质（任何陈述都要么是对的，要么是错的）。

如果你想要对世界进行思考，你的思想就必然包含一定的内容，它们必然会将世界以某种方式展现出来。但是如果无矛盾律不成立的话，这种展现就是不可能的，因为这种情况下你思想中的任何东西既是对的也是错的。

二、逻辑内容

传统逻辑包含以下内容：

（一）概念

"概念"是指我们平常使用的名词。譬如太阳、月亮、桌子、花、草、树木等。概念是通过人们的感觉印象，通过理智的抽象作用形成的。比如桌子这个概念，指的不是具体的东西，而是指所有桌子抽象出来的本质。然而当人们谈到概念时，往往把意义与意象混在一起。任何一个概念都有一个客观的意义，但是人们会对它有一个主观的意象。比如"农村"这个概念，从小生长在城市的人和生长在农村的人，对农村的印象可能不同。在生长于城市的人看来，农村是一派优美的田野风光，而对生活在乡村的人来说，农村是一幅令人心酸的辛苦耕耘的场景。再比如龙，外国人听到龙，可能会觉得很恐怖，因为在《圣经》的故事中，龙是蛇的变形、人类的敌人，会诱惑人类犯罪，因此西方人认为龙是恶魔的化身；然而，对中国人来说则不是如此，因为在中国古代社会中，通常认为龙是吉祥的象征，天子就称作龙。

所以我们与别人沟通时，要区分概念的意义与意象，这样才能有效地进行思考。

（二）判断

两个以上的概念结合在一起，会形成"判断"。

判断的基本模式是 A = B（A 就是 B）。A 代表主词，B 代表述词。比如"华罗庚中学学生都是好学生"这个句子中，"华罗庚中学学生"与"好学生"各是一个概念，而通过"是"或"不是"把这两个概念连接起来，就形成了一个判断。"华罗庚中学学生都是好学生"这个句子就是一个判断语句。任何一个完整的想法或语句，都是一个判断。判断也称为命题，表示当人把主张表达出来之后，就变成客观命题，可让他人看到、听到，甚至可以研究真伪。

判断总共分为四种：全称肯定、特称肯定、全称否定、特称否定。

全称和特称均针对主词而言，全称即"所有""全部"，特称即"有些""某一些"。以上面的"华罗庚中学学生"与"好学生"为例，四个命题分别是：

全称肯定：所有华罗庚中学学生都是好学生。

特称肯定：有些华罗庚中学学生是好学生。

全称否定：所有华罗庚中学学生都不是好学生。

特称否定：有些华罗庚中学学生不是好学生。

我们讲出来的任何一句话都可以还原到基本的判断，而这个判断必然属于这四个命题中之一种。

（三）推论

推论是指推理与论证，从既有的判断（命题）推衍出新的判断（命题）。

要想获得真理，我们就必须正确地进行推理。但你对事件进行判断或对概念进行辨析时，你要么在试图判断一个论断是否为真，要么在试图证明一个论断是否为假。前一个活动需要你能识别和评价其他人的论证，而后者则需要你能构建和辩护你自己的论证。要完成这两步工作，需要你遵循特定的规则和程序。掌握这些规则和程序不仅能让你成为一个更好的思考者，也会让你在讲话和写作时更有说服力。

一个合理的论断与一个不合理的论断之区别在于，合理的论断被好的理由所支持。当你给出一些使得人们相信某论断为真的理由时，你就是在做出一个论证。你所给出的那些理由（这些理由本身也是一些论断）就是你论证的前提，而你想要支持的那个论断就是你论证的结论。所以一个论证就是由一组断言（判断）所构成，其中包括了一个前提或多个前提与一个从这些前提中推出的结论。

在日常生活中，任何形态的分歧都被叫作"争论"，然而我们都知道这些争论往往缺乏逻辑性。"论证"仅仅指那些在前提与结论之间具有逻辑联系的论断。

一个好的论证就是一个为其结论提供了好的理由的论证。为了帮助我们区分好的论证和坏的论证，逻辑学识别了一些前提与结论之间形成联系的方式，只有这些方式才能真正使得结论从前提中推出。只有当结论是逻辑地从前提中推出时，该论证才为其结论提供了一个好的理由。

如下面论证：

（1）玫瑰花是红色的。

（2）紫罗兰是蓝色的。

（3）所以，黄水仙是黄色的。

这个论证的所有前提都为真，但是它并不是一个好的论证，因为它的结论并不能从前提中推出，在前提与结论之间没有逻辑联系。所以它并没有为我们相信其结论提供好的理由。

1. 识别论证

识别论证的第一步就是识别出它的结论。一个论证的结论就是它想要说出的主要观点，就是该论证试图证明的那个论断。不过识别出论证的结论并非总是那么容易，因为论证中可能包含了一些中间结论。另外，有时作者甚至会觉得结论是如此明显，以至于他都不需要将其说出来。在很多情况下，结论都跟随在某个结论提示词后面，诸如"因此""所以""因而""结果是""由此可知""显示出了""意味着""蕴含着""确立了""总而言之"等。

例如下面这些论证：

（1）只有由血肉所组成的东西才能思考，所以电脑不会思考。

（2）你没办法控制你大脑里的神经元，由此推出你没办法控制你做的任何事。

（3）每个人都这样做，因此我也应该被允许这样做。

在上面的每个论证中，结论都跟随在一个结论提示词后面。

不过有时结论前面什么提示词也没有，例如：

（4）存在上帝是由于世界需要一个设计者。

（5）她是个素食主义者，因为她认为吃肉是不道德的。

（6）总统的行为是错的，因为他的行为会助长恐怖主义，加强我们敌人的斗志，并疏远我们的友邦。

在上面这些论证中，结论都是在前提之前出现的。

一旦你识别出了结论，识别论证的第二步就是识别出它的前提。前提通常会跟随在一些前提提示词后面，例如"由于""因为""因""如果""根据""若是""已知""众所周知"。不过正如结论一样，前提也可能是论证中的第一个论断。

识别论证的第三步就是找出它的未说出的前提。一个包含了未说出的前提或结论的论证叫作"省略三段论"。以后你将遇到的大部分论证都是这种类型。

重新考虑一下（1）（2）（3），它们每个都包含了一个未说出的前提，将这些前提表达出来的话，论证就是这个样子：

（7）只有由血肉所组成的东西才能思考；电脑不是由血肉所组成的；所以电脑不会思考。

（8）你没办法控制你大脑里的神经元；如果你没有办法控制你大脑里的神经元，你就没办法控制你做的任何事；由此推出你没办法控制你做的任何事。

（9）每个人都这样做；如果每个人都这样做，那么我也应该被允许这样做；因此我也应该被允许这样做。

将一个论证中那些隐含的论断变得明显，能准确地展示出该论证致力于做什么。处理这种被省略的前提时一定要尽可能地公平。不要曲解作者的立场，因为我们识别论证的目的是获得真理。当可以有多种方式来解释一个论证时，我们要遵循善意原则，即选择那个从逻辑上看最能使这个论证说得通的解释。通过遵循这一原则，你能够以对其最有利的方式呈现论证，从根本上说论证可分为两大类：演绎论证和归纳论证。

好的演绎论证与好的归纳论证的不同在于，演绎论证是有效的。在一个有效论证中，结论是从前提中推出的，也就是说在一个有效论证中，逻辑上不可能会出现前提为真，而结论为假的情况。因为结论只是表达了隐含在各前提中的东西。试考虑下面这个论证：

（1）如果所有的存在物都是运动中的物质，则不存在脱离物质的精神。

（2）所有的存在物都是运动中的物质。

（3）所以，不存在脱离物质的精神。

这个论证是有效的，因为如果它的前提为真，则结论一定为真。而不可能其前提为真而结论为假。所以演绎论证被称作是"保真"的，因为其前提的真就保证了其结论的真。

而归纳论证不是保真的，因为其前提的真不能保证其结论为真，试考虑下面这个论证：

（1）所有已被观察到的乌鸦都是黑的。

（2）所以，所有未被观察到的乌鸦都会是黑的。

有可能该论证的前提为真而结论为假，因为我们并没有观察到所有的乌鸦，我们无法肯定世界上不存在非黑色的乌鸦。而且由于我们没办法观察到未来的情况，我们也无法肯定未来也会跟过去一样。所以归纳论证与演绎论证不同：演绎论证可以肯定地确立结论，而归纳论证只能高概率地确立其结论。一个强的归纳论证也就是一个假设前提为真，其结论就很可能为真的论断。

2. 演绎论证

一个演绎论证是否有效取决于该论证的结构或形式，有多种方式可以表示一个论证的形式。但是最有效的方式之一就是用字母代替论证中的论断，有些论断是复合的，因为它包含了其他的论断作为组成部分。要准确地表示出这些论断的形式，每个组成部分的论断都应该被单独指定一个字母。比如说一个条件句（或"如果—则论断"）就是复合的，因为它包括了至少两个论断。要准确地表示这类论断，就应该用一个字母来表示"如果"后面的论断（即"前件"），用另一个字母来表示"则"后面的论断

（即"后件"）。通过这种方法，我们可以将四种最常见的有效论证的形式表示如下：

（1）肯定前件。

如果 p，则 q。

p。

所以，q。

例如：

①如果灵魂是不朽的（p），则思考就不依赖于大脑活动（q）。

②灵魂是不朽的（p）。

③所以，思考不依赖于大脑活动（q）。

（2）否定后件。

如果 p，则 q。

非 q。

所以，非 p。

例如：

①如果灵魂是不朽的（p），则思考就不依赖于大脑活动（q）。

②思考是依赖于大脑活动的（非 q）。

③所以，灵魂不是不朽的的（非 p）。

（3）假言三段论。

如果 p，则 q。

如果 q，则 r。

所以，如果 p，则 r。

例如：

①如果联邦储备委员会提高了利率（p），贷款就会更加困难（q）。

②如果贷款更加困难（q），房产销售就会降低（r）。

③所以，如果联邦储备委员会提高了利率（p），房产销售量就会降低（r）。

（4）析取三段论。

或者 p，或者 q。

非 p。

所以，q。

例如：

①小丽或者走路（p），或者乘公共汽车（q）。

②小丽没有走路（非 p）。

③所以，小丽乘了公共汽车（q）。

这些都是有效论证的形式，在这些论证中不可能其前提为真而结论为假。

为了更好地理解有效论证的形式，试考虑下面这个论证：

①如果一个人是用锡做的，那么所有人都是用锡做的。

②有一个人是用锡做的。

③所以，所有人都是用锡做的。

该论证的前提和结论都为假，然而这个论证却是有效的，因为如果其前提为真，则结论就为真。一个有效论证也可以有假的前提和假的结论，或者假的前提和真的结论，或者真的前提和真的结论。它唯一不可能有的只是真的前提和假的结论。

由于逻辑学的目标是帮助我们发现真理，因此要形成一个好的论证就不能仅仅满足有效性这个要求。此外，论证的前提也必须是真的。当这两个条件都得到满足——一个论证是有效的且其前提为真——则该论证被称作"可靠的"。

只有一个可靠的论证才能为我们相信其结论为真提供好的理由。要判断是否有理由相信某论证的结论为真，就需要判断它是否可靠。这包括了三个步骤：①识别出前提和结论；②判断论证是否有效；③判断其前提是否为真。如果该论证不是有效的，就不需要再进行第三步了，因为在那种情况下，结论不能从前提中推出。

有效论证的形式有很多种，要记住所有形式是不现实的。但是一旦确定了一个论证的形式，就可以通过这种方式来测试它的有效性，即判断是否存在某个拥有相同形式的论证会使得前提为真而结论为假。如果存在，则该论证是无效的，这样一种诠释就对该论证的有效性论断构成了一个反例。

一些无效论证的形式：

（1）肯定后件。

如果 p，则 q。

q。

所以，p。

让我们通过将 p 替代为"芝加哥是伊利诺伊州的首府"，将 q 替代为"芝加哥在伊利诺伊州"来测试该论证形式的有效性，则可得到：

①如果芝加哥是伊利诺伊州的首府（p），则芝加哥在伊利诺伊州（q）。

②芝加哥在伊利诺伊州（q）。

③所以，芝加哥是伊利诺伊州的首府（p）。

显然该论证是无效的。在一个有效的论证中不可能出现前提为真而结论为假的现象，但是在上面的例子中两个前提皆为真，而结论却为假。所以任何拥有这种形式的论证都不能为其结论提供一个好的理由。

（2）否定前件。

如果 p，则 q。

非 p。

所以，非 q。

你可以想到什么情况下可以使得该论证的前提为真，而结论为假吗？比如：

①如果小明是一个单身汉（p），则小明是一个男人（q）。

②小明不是一个单身汉（非 p）。

③所以，小明不是一个男人（非 q）。

这个论证也是无效的，因为它有可能使得前提为真，而结论为假。所以，任何使用这种形式进行推理的人——无论他们将什么论断放到 p 或 q 的位置上——都无法证明他的观点。

（3）肯定析取支。

或者 p，或者 q。

p。

所以，非 q。

在逻辑中，"或者"一词通常被理解为包含性的。在包含性的意义上，一个拥有"p 或者 q"形式的论断在 p 为真或 q 为真或 p 与 q 同时为真时都为真。不过，"或者"一词也可以被理解为排除性的，在排除性的意义上，一个拥有"p 或者 q"形式的论断在 p 为真或 q 为真但是 p 与 q 不同时为真时为真。肯定析取支的谬误就发生在当一个包含性的"或者"被理解为排除性的时候。例如：

①或者是车没电了（p），或者是车没油了（q）。

②车没电了（p）。

③所以，车不是没油了（非 q）。

这个论证是无效的，因为有可能两个析取支同时为真，有可能该车在同一时间既没有电了也没有油了。所以不能从其中一个析取支为真有效推出另一个就不为真。

3. 归纳论证

虽然归纳论证不是有效的，但是它仍然可以给我们一些相信其结论的好的理由——只要它满足一定的条件。如果一个归纳论证在假设其前提为真的情况下能高概率地得出其结论，那么它就是一个"强的论证"。而一个拥有真前提的强的论证就是一个"有说服力的论证"。为了更好地理解是什么构成了一个强的归纳论证，我们来看一些常见的归纳形式。

（1）枚举归纳。

枚举是这样一种推理：在只观察了某群体的一些成员后就得到关于整个群体的概括结论。一个典型的枚举归纳的前提是这样的一种陈述：它报告了在一个群体中已观察的那些成员中有百分之多少拥有某种属性。而结论是这样一种陈述：它声称整个群体中有百分之多少拥有该种属性。则枚举归纳的形式如下：

①已观察到的 A 群体中有 x 是 B。

②所以，整个 A 群体中有 x 是 B。

例如，假设你通过枚举归纳来论证这样一件事：因为你观察到你所在的班级里有54%的学生是女生，所以得出结论说所有的班级都有54%的学生是女生。只有当你选择的样本对于整个学校的学生群体而言足够大而且足够有代表性时，你的论证才是一个强的论证。当一个群体中每个成员都有平等的机会被纳入该样本时，该样本对于该群体而言才是有足够代表性的。如果你的样本是由一个小的、选拔门槛很高的班级的学生所构成的话，那么你的论证就不是很强，因为你的样本太局限而且没有代表性。但是如果你的样本由国内知名大型学校里的学生所构成，你的论证就会更强一些，因为你的样本会更大且更有代表性。

（2）类比归纳。

当我们展示出一个东西如何和另一个东西相似时，我们就是对它们做了一个类比。当我们声称两个在某些方面类似的东西在另外一些方面也相似的时候，我们就是在做一个类比归纳。

例如，在对火星开展多次探测活动之前，国家航天局的科学家们可能是这样论证的：地球上有空气、水和生命。火星就像地球一样也有空气和水，所以火星上也可能有生命。其类比归纳的形式可以表述为：

①事物 A 具有属性 F、G、H 等，同时也具有属性 Z。

②事物 B 具有属性 F、G、H 等。

③所以，事物 B 很可能具有属性 Z。

正如所有其他归纳论证一样，类比论证也最多只能是高概率地确立其结论。两个事物之间的相似性越多，则结论越可能成立。而相似性越少，其结论就越不可能成立。

地球和火星之间的不同之处也是很重要的。火星的大气层非常厚，含氧量很低，而且火星的水都集中在两极的冰盖中，所以在火星上找到生命的可能性不太大。但是火星在过去跟地球是更相似的，所以在火星上找到以往生命踪迹的概率会更高些。

并非只有国家航天局的科学家才做类比归纳。这种推理方式也被运用在其他领域，包括医学研究和法律中。每当医学家在实验室的动物身上测试一种新的药物时，他们都是在做一个类比归纳。本质上，他们的推理为：如果该药物对这些动物有一定的效果，那么它也可能对人类有同样的效果。该论证的强度取决于实验动物与人类之间在生物学上的相似度。小鼠、兔子、豚鼠经常在该类实验中被运用。虽然它们都是哺乳类动物，但是它们的生物结构却并非与人类完全相同，所以我们没办法确定地说任何对它们有特定影响的药物也会对人类有相同的影响。

美国的法律系统是以先例为基础的。先例即已经被判决了的案例。律师们常常会通过引用先例来试图说服法官在当下的案例中倾向于自己，他们会论证说当下的这个案例就类似于以前某个判决过的案例，而且由于之前法庭是这样判决的，所以在当下的案例中也应该如此。而反对方就会通过强调当前案例与被引用案例之间的不同之处来试图削弱这种推理。到底哪一方会在当下的案例中获胜常常取决于该类比论证的强度。

（3）假说归纳（溯因，最佳解释推断）。

我们通过构建对世界的解释来试图理解世界，但并非所有的解释都同样好。所以即使我们对于某事已经有了一个解释，这并不意味着我们对该解释的信念就是合理的。如果有其他更好的解释，那么我们对该解释的信念就不合理。

最佳解释推断具有以下形式：

①有现象 p。

②如果假说 h 为真，则它可以为现象 p 提供最佳解释。

③所以，h 可能为真。

美国哲学家查尔斯·桑德·皮尔士（Charles Sanders Peirce）第一个提出了这种推理方式，并将其称作"溯因"，以与其他的归纳形式区分开。

最佳解释推断可能是被使用最为广泛的一种推断方式，医生、汽车修理工、侦探（还有你我）每天都使用这种推理，任何一个想要知道某事发生的原因的人都使用了最佳解释推断。夏洛克·福尔摩斯（Sherlock Holmes）就是一个使用最佳解释推断的大师，以小说《血字的研究》（*A Study in Scarlet*）中福尔摩斯的推断过程为例：

我早就知道你是从阿富汗来的。由于长久以来的习惯，一系列的思索飞也似的掠过我的脑际，因此在我得出结论时，竟未觉察得出结论所经的步骤。但是，这中间是有着一定的步骤的。在你这件事上，我的推理过程是这样的："这一位先生，具有医务工作者的风度，却是一副军人气概。那么，显见他是个军医。他刚从热带回来，因为他脸色黝黑，但是，从他手腕的皮肤黑白分明看来，这并不是他原来的肤色。他面容憔悴，这就清楚地说明他是久病初愈而又历尽了艰苦。他左臂受过伤，现在动作看起来还有些僵硬不便。试问，一个英国的军医在热带地方历尽艰苦，并且臂部负过伤，这能在什么地方呢？自然只有在阿富汗了。"这一连串的思想，历时不到一秒钟，因此我便脱口说出你是从阿富汗来的，而你感到很惊讶。

虽然这段话出现在小说中"演绎的科学"那一章，但是福尔摩斯在此并非使用演绎推理，因为其前提为真不能保证其结论为真。根据华生（Watson）的皮肤被晒黑了和手臂受过伤这些事实并不能必然地推出他去过阿富汗。他也可能是在加利福尼亚待过，并且在那里冲浪时划伤了自己。更恰当地说，福尔摩斯在此使用的溯因或者最佳解释推断，因为他通过征引一系列事实得出了一个能最好地解释这些事实的假说。

最佳解释推断的困难之处不在于找不到任何解释，而在于可以找到太多的解释，需要从所有可能的解释中识别出哪个是最好的。一个解释有多好取决于它能提供多少理解，而这又取决于它能多好地将我们的知识组织和结合起来。我们开始理解某事，就意味着开始将其看作某个模式的一部分，而这个模式能包含的现象越多，它就能产生越多的理解。一个假说能在多大程度上将我们的知识组织和结合起来是由不同的充足性标准衡量的。下面让我们来详细地看看如何使用这些标准来评价一个假说。

对任何充足假说的首要要求就是一致性，一个充足的假说必须不仅是内部一致的——与其自身一致，而且必须是外部一致的——与它所要解释的事实材料一致。如果一个假说是内部不一致的——自相矛盾的，那么它就不可能为真。因此，反驳一个理论最有效的办法就是指出它隐含着一个矛盾。如果一个假说是外部不一致的——如果它与自身所要解释的材料不一致，那就有理由相信它为假。事实材料当然也可能是错的，但是在知道这一点之前，我们不应该接受该假说。

在其他条件等同的情况下，一个假说越简单——它所做的预设越少——它就越好。如果不做出某些预设就能解释一个现象，那么便没有理由做出这些预设。所以一个做出了不必要的预设的理论就是不合理的。中世纪哲学家奥卡姆（William of Occam）曾这样表述该观点："若无必要，勿增实体。"也就是说，你不应该预设任何对于解释该现象来说不必要的东西的存在。该原则叫"奥卡姆剃刀"，因为它可以被用来从理论中剃掉不必要的实体，该原则也被称为"节俭原则"。

广泛性——一个理论所能解释的不同现象的数量——也是评价理论时的一个重要方面，如果两个理论在其他充足性标准的方面都同样好，但是其中一个有更大的广泛性，那么显然该理论就是更好的，因为它具有更强的解释力。

保守性——能与已有的理论很好地契合——也是一个好理论的标志，因为如果接受一个理论需要拒绝很多我们已经确立的知识，那么它就会减少我们的理解。它并未将我们的知识组织和结合起来，反而将它打碎。然而，一个理论可能通过广泛性和简单性方面的优势来弥补保守性的缺乏，在这种情况下该理论也可能是值得接受的。

在科学中，成果性是由一个理论能做出多少新的成功的预测决定的。在哲学中，它是由该理论能解决多少问题决定的。在这两个领域中，它都是说明该假说为真的证据，因为对于一个理论能做出新的成功的预测或解决问题的最好的解释就是它为真。

不幸的是，并不存在一个运用充足性标准的程序。我们没办法测量一个假说在任何一个方面做得有多好，也没办法对各个标准在重要性方面进行排名。有时候我们会将保守性看得比广泛性更重要，尤其是当所讨论的假说缺乏成果性时。而有时我们会将简单性看得比保守性更重要，尤其是当该假说与其他假说有着同样的广泛性时。在不同的理论之间做出选择并非通常被呈现出来的那样只是一个纯粹的逻辑过程。与做出法庭判决一样，它也依赖于人类判断中难以程序化的那些因素。

但是这并不意味着对理论的选择就是主观的，因为存在很多这样的区分：我们无法测量它们，但它们却显然是客观的。白昼在何时变成夜晚、多发的人在何时变成秃头都是很难被精确地说出来的。然而白昼和夜晚的区分或者多发和秃头的区分仍然是非常客观的。的确存在一些边缘案例使得明理的人也难以对其达成统一意见。但是也有很多案例是非常清楚的，只有不理性的人才会对这些案例产生不同意见。例如，要相信一个有满头健康秀发的人是秃头就是完全错误的。同样地，要相信一个在充足性标准上不如其竞争者好的理论是更好的理论也是完全错误的。

总之，论证从根本上可分为两大类：演绎论证和归纳论证。在一个有效的演绎论证中不可能出现前提为真而结论为假的情况。如果一个演绎论证是有效的并且前提为真，则它就是一个可靠的论证。在一个强的归纳论证中，前提为真而结论为假是不太可能的。如果一个归纳论证是强有力的且其前提为真，则它就是一个有说服力的论证。

假说归纳或最佳解释推断是最常见的一种归纳论证。一个解释有多好，要看它能提供多少理解，而它提供多少理解，则取决于它能多好地与我们已有的知识组织和结合起来。一个假说归纳能够多好地完成该目标可以通过多个充足性标准来衡量，如保守性、简单性、广泛性、一致性和成果性。

第二节　语言学

人通过语言表达自己的思想、生活和感受。海德格尔说："语言是存在之家。"语言具有多种功能。语言除了能够表达确定和描述事实外，还能用来表达"请求、感谢、诅咒、祈祷"，同时也有执行的功能：当我说"我向你保证"时，事实上承诺的行为已经实施了。不同的语言还体现不同的生活方式。比如，中国的很多词在英文中没有对应的词，如"觉悟""缘分""孝顺"在英文中都没法找到恰当的词来表达。

同一个词或概念在不同领域中会有截然不同的用法。比如，"证据"一词对律师、历史学家和物理学家就有完全不同的含义。法庭不可能拿传闻做证据；但传闻有可能是历史学家唯一的证据，只不过历史学家能够较为明智地加以运用；而对物理学家而言，根本不存在传闻问题——物理学拒绝传闻。所以要正确地使用语言，保证语言的有效性。

一、语言的有效性

语言的目的在于发挥表达的效应，表达需要具有明确、一致、普遍三项条件。

（一）明确

所谓明确，是指使用语言时，字义和文法必须非常清楚。

由于不同的语言有不同的文法，在使用时就要注意不同语言文法结构的特点，否则就达不到沟通效果。

另外，字义要明确。比如：A 在修理电灯时对 B 说："帮我拿工具来。"可是 A 并没有说要拿什么工具，B 怎么知道 A 在说什么？这就是表达不明确所产生的问题。相反，如果 A 说："给我拿一个螺丝刀。"那么 B

立刻就知道 A 在说什么，可能还会反问要多大的螺丝刀。再比如：A 现在宣布："星期四我们要上课。"却没有说几点钟，也没有说在哪个教室。所以讲话要尽量明确，这是语言表达的第一个要素。

（二）一致

在不同的语境中，语言容易发生歧义。所以语言表达要一致，不要造成误解。打一个比方：有一个印度人准备去英国留学，心里非常兴奋。由于在印度开车是靠右行驶，而在英国开车是靠左行驶，这名印度人想要适应一下英国的开车方式，于是开始在印度靠左边开车，最后发生车祸，连英国都去不成了。

同样，使用语言也需要一致性，不能出现不同的规则。有些著作不易理解，因为同一句话中同一个字的意思可能有所不同。譬如：号称难懂的《老子》，一开头就说："道可道，非常道。"在此，第一个"道"字是指"究竟真实"，第二个"道"字是指"言语叙述"，第三个"道"字加上了"常"字，又回到第一个"道"字的含义上。如此一来，当然使读者理不清头绪了。

（三）普遍

语言表达的第三个条件是普遍，也即除了意思要一致外，还要同一地区所有人都使用。

以上是语言表达时简单的规则，如果我们不了解一种语言的规则，就可能会闹笑话。

二、语言的类型

我们经常使用的语言可以分为四种类型：直述语句、比喻语句、价值语句、恒真语句。

（一）直述语句

直述就是直接叙述，也就是把看到的东西或者想要表达的意思直接说出来。比如，"现在外面在下雨"就是一句直接叙述，不带有任何比喻或个人意见，至于这句话是不是真的，只要到外面看看就知道了。又如，"天空是蓝色的""树叶是绿色的""这间教室有很多人"，这些都是直接叙述，不牵涉其他任何因素。

（二）比喻语句

如果每天与人说话时都用直述语句，久了就会令人乏味，因此平常使用语言时，常会采用一些比喻方式。比喻语句就是使用象征手法来表达意蕴。比如，"我们的国家像一条船，需要一个舵手"这一说法就比较形象生动，亦即我们在同一条船上，有着共同的命运，而领袖就如同掌舵的人，是要负责掌握方向的。

比喻要有创造性。比如释迦牟尼曾将人间比喻为火宅，说明人的欲望就像火，每时每刻都在煎熬自己。伟大的人物如孔子、孟子、耶稣等都善于使用比喻来宣扬他们的思想。

直述语句一般离不开当时的时空条件，一旦离开所要表达的内容就落空了，而比喻如果使用得好，就可以传之久远。

（三）价值语句

真善美都与价值判断有关，如"这幅画很美"就是一个价值语句。每个人都会使用这种语句，例如，我们和别人见面时会说："你好吗?"这三个字就是一个价值语句，因为"好，不好"属于价值的正面或负面情况。

价值判断不能离开主体，因为有"我"，是"我"在"说话"，因此这句话就是和别人说的不一样。换言之，相同的价值语句，每个人说出来的意蕴可能会有不同，这要视对话双方的关系或互动情况而定。举例来说，同样"你好吗"三个字有各种不同的意思，而这个意思只有对话的两个人知道：假设一个朋友失业，你问他"你好吗"，可能是问他是否找到工作；假设一个朋友生病，同样"你好吗"三个字，可能是问他病好了没有；假设一个朋友要考试，"你好吗"则可能是问他准备好没有。由此可知，相同的问句所具有的意义是不同的。这就是价值语言的特色。

（四）恒真语句

恒真语句的表达方式是"套套逻辑"，套套逻辑是指主词与述词一样（A 是 A），譬如英文中有一词组叫作"business is business"（公事公办），这就是套套逻辑。

套套逻辑并非没有意义，举个例子来说明：美国很多大城市都有中国城，老外也会去那里。一个老外在路上走着走着，看到一个人随地吐痰，于是说"Chinese is Chinese"，这时候这句话显然带有批评的意味。接着他继续往前走，看到一个年轻人扶着老太太过马路，于是说"Chinese is Chinese"，这时候这句话可能变成一种称赞，在赞美中国人敬老尊贤的美德。所以套套逻辑并不是没有含义的。

我们平时讲话也会重复一个字，如"你果然是你"。这句话意味着你这个人有基本原则和个性，只有你能够符合你自己的要求。

可见，语言绝不是一个工具而已，它内含了人们的生活方式、价值观念和文化特性，因此学习某种语言，自然就会受到其中思想的影响。只要使用语言，就可以表达意义，意义存在于语言中。

第三节　现象学

一、现象学背景

佛教认为：一切有为法，如梦幻泡影，如露亦如电，应作如是观。

也就是说，世界上所有的因为因缘和合而成的现象、事物，都是暂时的，如同梦幻泡影一样不真实。因为事物是由条件构成的，所以一旦事物存在的条件消失了，事物也就消失了，一切事物都是暂时存在的，都会消散。

近代英国哲学家培根指出人类存在四种假象：

（一）族假象

族假象是指植根于人类本性之中，人所共有的一种假象，它来源于人的天性，属于人类这个种族所造成的问题。古希腊普罗塔哥拉说："人是万物的尺度。"人们往往以人的感觉和理性为尺度，而不按自然的本来面目去认识事物，人把自己作为衡量万物价值的唯一标准，结果歪曲了事物的真相。

（二）洞穴假象

洞穴假象是指每个人都像井底之蛙，思考受到限制。由于每个人在环境、教育、性格、爱好和思维方式等方面存在着差异，人们在认识事物时，往往把自己的个性渗透到事物中，从而歪曲事物的真相。

（三）市场假象

市场假象指人们在交往中由于语言的不确定和概念的不严格而产生的思维混乱。就像一个市场一样，混杂着许多传言或道听途说。明明是同一件事，经由不同的人叙述之后就产生不同的版本。每个人都只看到自己所看的，听到自己所听的，跟别人既不能沟通也没有共识，最后就变成各说各话。

（四）剧场假象

剧场假象是指人们不加批判地盲目顺从权威或当时流行的各种科学、

哲学及其原理、体系，从而形成的错误。它是从各种哲学教条以及从证明法则移植到人心中的假象。因为在培根看来，一切流行的体系都不过是许多舞台上的戏剧，根据一种不真实的布景方式来表现它们自己所创造的世界罢了。所以，这种假象也被称为"体系的假象"。培根认为，这种假象不是天赋的，也不是暗中潜入理智中的，而是"从哲学体系的剧本和乖谬的证明规则印到和接受到人的心里上面来的"。由此表明，"剧场假象"的形成，正如我们看戏一样，虽然目的在于娱乐，却在不知不觉中受到了剧中故事情节的感染，从而使剧中所流露出的感情、思想、价值观念等，被我们所接纳、所汲取。

培根"四种假象"之说提醒我们，客观认识一样东西是十分困难的，我们要知道这些限制，尽量减小限制的程度。

二、胡塞尔的现象学

"现象"是指显现出来的东西或表象，但现象学所关心的不是事实，而是本质，即观念和共相。现象学方法是描述给予意识的材料中那些不变的、本质的东西。通过本质还原达到事物的本质认识，通过先验还原可认识到纯粹自我或先验自我。

现象学采用的方法是悬置和还原法。

胡塞尔现象学还原方法也经常被总结为"回到事物本身"，也就是回归看得见的直观的认知方式，回到真正直接自明、不可怀疑的东西的认知上来，胡塞尔通过"悬置"的概念，表达了他对未经考察而相信事实存在的"自然态度"的不信任。

本质还原方法也叫本质直观，其基本原则即"面向事物本身"。胡塞尔认为，要认识世界的真理，我们还必须摒弃一切经验之外的东西，把事物还原为我们的意识内容。一切外在的事物都必须转化为存在的意识对象。把经验对象的给予物还原为现象本质的过程即"本质还原"。

本质还原方法就是在直观的过程中，排除任何有关客观存在性的判断，始终保持自身不变的东西。从直观个别事物的本质开始，从个别事物中还原出一般本质，才能使真相清楚地呈现在我们眼前，才能获得真理。

先验还原方法是一种更完全、更彻底的还原。与本质还原不同的是，本质还原只要求部分悬搁，只要求悬搁认识对象存在的观念；而先验还原则要求在认识对象存在信念进行悬搁的基础上，还要把有关认识的主题在世界中存在的信念也悬搁起来。在这之后，只剩下"纯粹意识"，"先验"中的"先"指的是逻辑在先的意思，即指先验的东西比经验的东西更先得到证明，它是对本质还原方法的一个补充和升华。先验还原的过程就是通过内在的意识或思维从一种实体的存在转化为一种先验的存在，这使我们获得了真正意义上的绝对存在。在先验还原方法中，"先验自我"无疑是先验还原的最后结果，这个"先验自我"经过了彻底的现象学还原，没有依托任何预先假设而得到。因此，"先验自我"就成为绝对可靠的现象学的基础，找到了这个基础，之后就是要从这个"先验自我"出发，去构造其他的一切，也就是去建构在现象学还原中暂时悬置在"括号"里的存而不论的东西。

可以说，现象学的还原打开了通向现实的以及可能的内在经验"现象"的通道，那么奠基在这些经验之上的"本质还原"的方法便打开了通向纯粹心灵的总领域的不变本质形态的通道。通过现象学还原，胡塞尔希望克服主客体二分的局限，直面事物本身，但是他忽略了人是生活在一定环境中的，都具有一定的前见，事物本身只有根据适当的筹划、恰当的前见才被能被理解。胡塞尔后期提出了生活世界的观点。他把一切都看作现象，包括我们对物质对象的认识，也包括关涉艺术、宗教、科学以及所有"内在"于我们的东西，如我们自身的思维、情感、记忆、痛苦等所有经验的总和。虽然这些只是现象和经验，但它们是人类所在的世界，是人类实际经验的世界，也是人类真正生活于其中的世界，所以要对生活世界加以彻底研究，这些构成了胡塞尔哲学的总体可能性。胡塞尔的现象学被他的学生如海德格尔进一步发扬光大。

三、海德格尔的现象学

海德格尔是胡塞尔的学生，他继承了胡塞尔的现象学分析方法，但海德格尔放弃了胡塞尔从本质还原到先验还原的做法，得到一个纯粹自我或纯粹意识。海德格尔反对这种不是在世存在的抽象自我，在海德格尔看来，自我绝不能离开它的世界，存在永远是在世存在。当胡塞尔认为我们可以通过还原法或括弧法得到纯粹自我时，海德格尔指出，通过还原法或括弧法所获得的实际上不是自我，而是将自我本身缩小了，使自我片面化。现象学不应将自我从世界中孤立出来，而应将自我的实际存在返回到世界之中，这样才能贯彻"面向事物本身"这一原则。

按照海德格尔的看法，我们可以从一种特殊的存在者，即人的此在中找到一般存在的意义，人类此在之所以能这样，是因为它是一种与存在打交道的特殊存在者。海德格尔的现象学就是此在现象学，就是让此在如其所是的那样将自身显示出来，相对于其他存在者的现象学，此在可以说是一种基础或出发点，因此此在现象学又可称为基础存在论，也就是说，它不是以一切存在者的存在作为探讨对象，而是以对此在进行生存论分析的形式出现的。此在现象学，作为此在如其所是的那样显示自身的学问，也可以说是把原始开展活动的可能性给予此在，让此在自己解释自己。海德格尔认为必须让此在自己解释自己，在这种开展活动中，现象学阐释只是随同而行，以便从生存论中把展开的东西的现象内容上升为概念。可以说，此在现象学意指一种存在论的诠释学，或此在现象学就是此在诠释学。此在诠释学不仅把此在本己存在的基本结构显示出来，而且也把一般存在的本真意义展示出来，这种诠释在海德格尔看来是最根本的解释行为，它使事物自身从隐蔽状态中显现出来。

海德格尔认为现象学描述的方法论意义就是阐释，此在现象学逻各斯具有诠释特性，通过诠释存在的本真意义与此在本己存在的基本结构就向居于此在本身的存在理解宣告出来。此在现象学就是从诠释学这个词原始意义来说的诠释学。据此，诠释学就标志着阐释工作。这种诠释学不是那种文本解释的诠释，而是指事物自身对自身的诠释。在此意义上，海德格尔又称它为"实际性诠释学"。所谓实际性与事实性不同，前者表示具有此在性质的存在者的存在状况，而后者表示一般现成状态的存在者的存在状况。事实性只表示现时性，而实际性还具有未来性和可能性。在海德格尔看来，这种诠释学不同于以往任何诠释学，它是另一种意义上的诠释学，它是对此在的存在之阐释，它是对具体存在的生存性的分析。同时，它也阐明了一切存在论探究之所以可能的条件，把这种诠释学又规定为"现象学诠释学"，而这种对此在的生存论分析就被规定为"基础存在论"。

第四节　诠释学

诠释学最初是作为一门指导文本理解和解释的规则的学科，在以前类似于修辞学、语法学、逻辑学，从属于语文学。诠释学经历了从特殊诠释学到普遍诠释学，在海德格尔以及之后的伽达默尔那里，诠释学又经历了从解释的方法论诠释学到解释的存在论诠释学的转变，包含了更加广泛的意义，把自身从一种理解和解释的方法论诠释学发展成为此在诠释学，认为诠释学不仅是关于文本和精神产品的理解，而且我们自身的发展都依据于某种理解，理解不仅是主体的行为方式，而且是此在本身的存在方式。现在的问题是：不是"我怎样知道"，而是问"只通过理解去存在的那个存在者的存在方式是什么"。诠释学不仅是对精神科学的方法论所做的思考，还是对精神科学得以建立的存在论基础所做的阐明。哲学必须以这种理解作为其出发点，因而哲学本身也要成为一种诠释学。

利科尔又发展出综合诠释学，即从理解存在论返回解释认识论和方法论。在利科尔看来，海德格尔不是一点一点地从解释认识论进入解释存在论，不是通过注释学、历史研究或精神分析方法论要求逐渐地接近这种理解存在论，而是通过问题的突然倒转而被带到那里：我们不是探问一个能动的主体在什么条件下能够理解文本或历史，而是探问究竟什么类型的存在才是其存在是由理解所构成的，因而诠释学问题从如何理解此在变成了对此在进行直接分析。不过按照利科尔的看法，海德格尔这种做法有可能造成"短路"，从而中断从解释到存在的通路。正是在这里，利科尔提出他要走一条不同于海德格尔捷径的长路，即开始用语言分析的长路取代此在分析的捷径。

他认为要理解存在论，要经历语义学层次、反思层次最后到达存在层次，语义学层次是我们所习惯的一种探讨语言意义的层次，因为一切诠释学的核心问题就是语义问题，它们的共同元素就是某种意义的建构。通常，语词和语句都有双重的意义或多种的意义，解释就在于从明显的意义里解读隐蔽的意义，在于展开暗含在文字意义中的意义层次。按照利科尔的观点，诠释学以语义学层次为出发点，将使它与实际实践的各种解释系统如注释学、历史研究、精神分析以及宗教现象学、人类学等保持联系，并与当代语言哲学进行富有成果的对话，从而开始实现对人类交谈的重建。反思层次之所以继语义学层次而出现，是因为语义学层次不足以使诠释学成为哲学，正如海德格尔理解存在论所标明的，推到超越语言层次运动的是对存在论的渴望。利科尔认为在语言层次与存在层次之间需要一个反思层次作为中间桥梁，因而反思就是"介于符号理论和自我理解之间的桥梁"。反思就是自我通过对其生命文献的解读之迂回路径而对自身的重新发现。从语义学层次经过反思层次，最后到达存在层次，因而真正理解存在论。而不是海德格尔所说的那样，与解释方法论相脱离，而是相反，解释存在论就包含在解释方法论之中。反思哲学的特征就是：自我必须失落，以便"我"重新被发现。因此，存在只有通过对那些出现在文化世界里的所有含义的不断注释，才能达到表现、获得意义。存在只有通过占用那些精神生命得以客观化的作品、制度与文化遗迹等本来存在于外面的意义，才能成为自我——具有人性的自我、成熟的自我。简言之，存在论绝不能与解释相分离，存在论就是诠释学。

所以，诠释学不仅是一种方法论，也是一种存在论，同时它还蕴含着实践要求。比如"德性即是知识",德性不是以认识作为最终目的,而是以践行作为最终目的。当代诠释学被认为首先应当是一门致力于人的善的实际学问,它关于解释的各种可能性、规则和手段的思考都应直接有用于和有利于人们的现实实践。特别是在面对当代科学技术的发展及其所带来的种种问题时,它应当通过它的理解和解释召唤实践智慧,让人们清醒地做哲学思考,使人们清醒地对自己和周围世界做哲学思考,促使人思考那些决定人类认识和活动的问题,那些"人之为人"及人对善的选择等至关紧要的问题。

第二章　自我人生哲学的基础架构

一、厘清自我的真相

"认识你自己。"这是希腊时代探讨人生奥秘的箴言。但是若想认识自己，谈何容易，它要回答的问题太多，包括人的生命有何特色，自我与他人的异同有哪些，人的一生有何意义，宇宙存在对于人生意义有何启发，人死之后有没有灵魂，神明是否存在，神明与人类关系如何，这些都是我们需要解答的问题。

中外的科学家、人类学家、社会学家、心理学家和哲学家等都给出种种答案。然而随着时间的推移，这些答案一直在修订改善中。本书重点将从哲学和心理学角度来分析人是什么，并从自我的结构进行分析。先看看哲学上的一些论述。

希腊时代的悲剧家索福克勒斯曾说过："宇宙万物中最值得惊讶的，就是人。"大自然无论如何奥妙，人类科技发明无论如何先进，都比不上"人"的生命那样令人惊讶。人的生命本身就是一个奇迹。人是什么？

从生物学结构上看，人并不比其他生物高明。人不具有鸟类翅膀，可以在天空中自由地翱翔；也不具有鱼类的鳍，可以在水中自由地穿梭。人在许多方面比如体力、速度、感觉的敏锐、直觉的确定性等方面远远比不上其他动物。与动物相比，人就是"有缺陷的动物"。自然赋予他的能力并不完美，但是，他又受到召唤，要从自己的缺陷中走出来，成为他想成为的东西。为此，他被赋予了理性和自由。

人的独特性在于人身上有某种远远高于动物的东西，他处于"生命"之外，或者说他是与有机生命不同的东西，他是精神，人是精神在其中显现自身的行为中心。

作为精神的生物，人已经不再受欲望和周围世界的束缚了。他不是生活在一个周围世界之中，而是拥有这个世界。"人是一个 X，他能够在无限程度上向世界开放。"① 另外，在那个被作为"对象"而给予他的世界

---

① 汉斯·约阿西姆·施杜里希. 世界哲学史［M］. 吕叔君，译. 桂林：广西师范大学出版社，2017：618.

中，仿佛是为了自我防御，他也将自己的精神特性，即个体的精神经历制作成了"对象"，人又具有了自我意识。动物也会听和看，但是动物不知道自己会听和看！自我意识能够使人超越因为欲望和周围世界的刺激而引发的短暂的感情冲动，使人拥有"意志"，使人能够不受情绪冲动的影响，坚定地实现自己的目标，在这个意义上人是"能够承诺的动物"。

人拥有自我，人可以观察自我：一个外在的我，一个内在的我，一边是他的肉体，一边是他的灵魂。他身体受着时间和空间的束缚，而灵魂却能超越时间和空间的束缚，使他成为所要成为的人。

正如普莱斯纳所说："人被置入虚无之中，既无地点，也无时间，人的本质就是不断地自我实现，永远不可能再走回头路，在他历史命运安排下，他总是会遇到新鲜的东西，且永无止境。"①

如果说人的精神或灵魂能够使人与"生命"疏远，或使人与自己的生命疏远，使人自己的生命屈服于自己，那么，难道精神是一种强大的、与生命对立的，甚至超越生命的力量吗？马克斯·舍勒（1874—1928）说："不，原本较低等的是强大的，而最高等的则是软弱的。"② 舍勒认为，世界上最强大的东西是无机物的盲目的能量。在他看来，人类的文明就如同娇嫩的和容易受伤的花蕾，它是短暂易逝的，它的出现也是偶然事件。世界的进程就取决于原本软弱的精神与原本盲目的力量之间渐渐地相互渗透和相互作用。

这对人来说，又意味着什么呢？人现在看上去像是一个在自身之内蕴含着精神和生命的矛盾体。同时，人又负有使命，一方面参与到精神与原始冲动的相互冲突中去；另一方面，人像上帝一样，参与创造世界历史，因此，人的肉体生成同时也是精神的生成。

下面我们将从人的自我结构分析，详细分析人之所以为人的道理。

二、自我的结构

自我的结构，在哲学上划分为静态结构和动态结构。静态结构一般是指身、心、灵三个层次。动态结构是指在讨论这三个层面时，必须把时间的三个向度，亦即过去、现在、未来考虑进去。身是指到现在为止我们在一个人身上所看到的一切，因此代表"过去"；心则是一个"有知、有情、

---

① 汉斯·约阿西姆·施杜里希. 世界哲学史 [M]. 吕叔君，译. 桂林：广西师范大学出版社，2017：620.

② 汉斯·约阿西姆·施杜里希. 世界哲学史 [M]. 吕叔君，译. 桂林：广西师范大学出版社，2017：618.

有意"的主体，可以代表"现在"；灵能够指示一个人前进的方向，因此是比较针对未来的。

心又可以分为知、情、意三个部分。知代表"理解"，因此侧重于已经存在的、过去的资源；情代表"协调"，也就是一个人现在的、当下的感受；意则代表"抉择"，也就是对未来的选择。换句话来说，知、情、意三个部分，也可以加入过去、现在、将来三个向度作为思考方式。

事实上，我们在讨论任何问题时，都要从空间和时间两个维度进行考虑，尽量将"过去、现在、未来"和知、情、意等因素加以整合。这样，思考的过程就不容易混乱，即使面对多项考虑因素，也不会错失所要讨论的问题核心。

第一节 自我的物质性——身

身，是指我们的身体，是有形可见的，它是物质的实体，是由物质构成的。这些物质从何而来，是如何构成生命的呢？物质分为非生命物质和生命物质，但它们不是截然不同的，构成它们的元素都是一样的，而构成生命身体的物质元素并不是自发产生的，它来源于非生物世界，所以我们是不能脱离于我们的自然环境而独立生活的，我们必须不断地从环境中获得我们的生活资料。虽然人类的技术日新月异，改造环境的能力越来越强，但即使变成了钢甲铁人，构成身体的物质元素也不会消失，人类注定要依赖于自身生长的自然环境。

那么非生命物质又是如何演化成具有如此尊严的人类？

按照科学的研究，它经历了从原子—分子—有机小分子—有机大分子—原核细胞—真核细胞—多细胞—人这样复杂的、漫长的演化历程。

按照宗教的看法，《圣经》上说：上帝按照自己的形象用泥土塑造了人，并吹了一口气赋予了精神。虽然精神时刻想超越物质，接近上帝，但物质肉体牢牢地束缚了它。我们可以用古代的一段拉丁文寓言《挂念》来形象比喻人的真相。

挂 念

挂念过河的时候
看到一块黏土
它思念着
拿起土开始塑造

> 它正在想
> 自己做了什么东西
> 精神来了
> 挂念就请求精神把精神赐给这块土
> 它轻易地得到它所求的
> 当挂念要取它的名字时
> 挂念说取为"挂念"
> 精神不肯，它说你应该取我的名字
> 因为我把精神给了这块土
> 挂念与精神在争论不休时
> 大地起来了
> 它说应该取名为"大地"
> 因为是它提供了肉体
> 于是
> 它们邀请时间来做法官
> 法官做这样的公正判决
> 精神既然给了精神
> 死了之后你取回精神
> 大地既然给了肉体
> 死了之后你取回肉体
> 挂念既然最先塑造
> 有生之日
> 就让它来掌管
> 但是现在因为名字而发生争执
> 可以称它为 homo
> 因为它似乎是由泥土（humus）所造成的

　　所以"人"这个字，就拉丁文来说，是从泥土（humus）来的。但是人是由肉体和精神合成的，死的时候，肉体回到泥土，精神则回到天上去了，有生之年则由挂念掌握。因此我们每个人都一样，从生到死，一直都在"挂念"中。

　　什么是"挂念"呢？挂念就是我们的意识，意识的本质就是挂念。意识生活在肉体中，我们一生由挂念或意识掌控，陷入海德格尔所说的好奇、闲话和模棱两可中，又无时无刻不想超脱出去，接近上帝。

　　从生物学上来看，人类的身体和其他的生命体并没有两样。我们的身体和其他生命体的物质组成都是一样的，共用一套密码子。从生物解剖学来看，爬行类、鸟类、哺乳类（包括人）的四肢结构都是相似的，它们都有相同的起源，称为同源器官。从生物胚胎学研究来看，人类的胚胎学重演生命演化过程。从遗传学研究来看，生命的传递规律都遵从"DNA—RNA—蛋白质"这一中心法则，它是生命动力学系统的核心结构，是物质生命存在的基本方式。

　　按照达尔文生物进化论的观点，人处于生物演化的顶端，演化出高度发达的大脑，出现智能行为，人不仅具有和其他生物一样的本能，而且还具有时间和空间上的超验性，也就是说，人的智能行为能体现出对客体事件运动逻辑关系的预见性。

　　人的这种智能行为不是一种预设的程序化的过程，它是大脑的生理功能，它的发生有赖于环境因子的激发，并可随着环境因子的改变而随时对自己的应答行为做出调整。大脑是生命行为演化的高级产物，它是神经系统的控制者和指挥者，人的情绪、欲望或多或少都受到它的影响，它还具有记忆和思维的基本功能，它不仅具有形象思维，还具有抽象思维以及灵感思维。它能够对概念进行加工、推理和判断，人类丰富多彩的文化就由此形成。在人类这个物种形成以后，人类形态结构的改变在这短暂 200 万年的历史长河中，是微乎其微的，除了肤色（黑、白、棕、黄）不同，其他生理结构都是相同的，但是不同地域的人，由于获取材料和信息加工的方式不同，导致他们的思维方式不同。不同的思维路径又形成他们各自独特的文化，人类的发展进步不是依赖他们的形体，而是依赖他们形成的文化，文化是人类发展的基因。

　　从以上可以看出，一方面，人的身体脱离不了动物性。达尔文用他终生的科学研究证明了，地球上的生命是在漫长的时间长河中不断地从低级向高级进化的结果，人类就是这种进化的产物，人的祖先就是从动物进化而来的。1859 年，达尔文发表了他的《物种起源》。人类不过是动物进化的高级产物，所以人的身体脱离不了动物的本能、冲动、欲望等。所以孔子说："君子有三戒：少之时，血气未定，戒之在色；及其壮也，血气方刚，戒之在斗；及其老也，血气既衰，戒之在得。"（《论语·季氏》）

　　西格蒙特·弗洛伊德在对人的心理研究中发现，在人的欲望结构和无意识心灵生活中也存在动物性。如今《梦的解析》发表了一百多年，尽管弗洛伊德的某些假说和理论受到人们的质疑，但是他的学说仍然持久地改变了人的概念。

另一方面，人的身体不仅仅是个人的长相，而且还赋予了很多文化特征，包括他的社会地位和身份、从事的职业、过去的成就、穿着打扮等。

可见，"身"的外在形象不仅仅是物质的，而且富含很多文化性质。我们可以从一个人的外表身份上对他有所认识，但想获得进一步认识，我们必须要深入到心和灵的层次，认识才能更全面。

第二节　自我的意识性——心

心又包括知、情、意三部分。知代表"理解"，情注重"协调"，意则是指"抉择"。以下分别论述之。

一、知

人类文化的开端是知。知代表着认识和理解。知包括对外物的理解、对自我与外物之关系的理解、对自我之整体与根本的认识三个层面。

对外物的理解就是知道事物是怎么回事，包括过去所发生的事。比如，我们参观博物馆，看到古代文化的遗迹和文物，我们就可以大致理解过去是怎样的、人们的生活方式如何。

对自我与外物之关系的理解的核心是找到"为人处世"的方法，找到自己在自然界、群体所处的位置，找寻一种自处之道。

对自我之整体与根本的认识，这一步是知的核心，人类终其一生都是探求人生的意义，我是谁，我为了什么？就像尼采所说："一个人知道自己为了什么而活，他就能忍受任何一种生活。"[①] 这也是本书的核心目的：认识你自己。

我们大多数人一生都忙于对外界的事物的认知。庄子说："吾生也有涯，而知而无涯。"生命是有限的，然而知识却如汪洋般无边无际。若想要以有限的生命去追求无限的知识，到头来不过是一场空。一生埋首书中的人，如果终其一生都不懂得自处之道，也是枉然。"认识你自己"是知的核心，清楚自己的生命历程、终极信念，领悟到自己的一生为了什么，知道自己何去何从，这样才能达到人生的圆满。

人的认识是怎样来的？又是如何发展的呢？

降临于世的人，要不断地摆脱恐惧与不安，获得自我保存，必须获得一定的主动权，能够在一定程度上主宰自己，而这第一步就需要知。认知

---

① 傅佩荣. 智慧与人生 [M]. 北京：国际文化出版社，2005：4.

世界和自己，为世界找到秩序，所以对知识的确定性寻求就是必不可少的，以便在这不确定的世界中获得安身立命的方法。

关于知识是如何获得的，可以追溯到柏拉图，他认为知识是天赋的，是本来就存在的，学习不过是对本来就存在的知识进行回忆而已。但是后来的学者不同意这种观点。柏拉图的学生亚里士多德第一个提出反对。他认为人心就像平滑的蜡块，一切观念都是外界对人心的反映，是印在蜡块上的印记，不存在什么天赋观念。随着人对自我认识的深入，关于自我的认知也越来越深刻。目前在哲学上关于"知"的认识主要有三大派别：理性论、经验论和康德的综合论。

（一）理性论——笛卡尔

在权威被打破、神权遭到质疑时，人类一直为自己所获得的知识寻求确定性。笛卡尔把"我能认识什么"这一问题置于三百年来西方哲学的核心，解答这一问题乃是为了寻求确定性。

1. 笛卡尔的生平

勒内·笛卡尔 1596 年生于法国。他接受了耶稣会的良好教育，其中包括哲学与数学教育；后来，他在家乡的波蒂埃大学获得了法学学位。作为一个天资聪明的学生，他在学习过程中意识到，许多权威观点都是不可靠的，他也常常为此感到无所适从。为了丰富学识，他入伍从军，横跨欧洲，却未曾经历什么战争。军旅生活使他认识到，人类的世界要远比书本上的世界来得丰富多彩和矛盾重重。日益困扰他的一个问题就是：我们是否能够确信什么，我们是否能够确切地认识什么。

他后来定居于荷兰，在当时的欧洲，那是一个言论最为自由的国度。在那里，他着手思考人类思维的根基问题，并运用哲学、数学和科学方法从事研究。1629—1649 年的 20 年间，其原创性著作已臻当时的最高水平。他杰出的哲学著作有两部：1637 年出版的《方法论》和 1641 年出版的《沉思录》。1649 年瑞典女王克里斯蒂娜请他到斯德哥尔摩去做她的哲学老师。在寒冷的瑞典，他罹患肺炎，并于 1650 年去世。

2. 笛卡尔式的怀疑

作为一名天才的数学家，笛卡尔把代数运用于几何学，创立了一门分支学科，即如今众所周知的分析几何学或解析几何学。他还发明了坐标。我们熟悉的两条坐标线也因他而得名，被称为笛卡尔坐标。"笛卡尔式"一词便从笛卡尔的名字而来。数学所具有的显而易见和无可置疑的确定性使他深受感动。他逐渐思考能否把数学的确定性嫁接运用于其他知识领域；倘若能做到，那么就可以轻易地摒弃"一切皆不确定"的怀疑主义论调。更为重要的是，我们必须掌握确定知识的方法，以便使现代科学建基其上。

笛卡尔得出了这样的结论：数学之所以具有确定性，源于以下这些原因。首先，数学论证是从那些最简单和最低限度的前提出发的，这种基本明晰的简单性是不容置疑的。其次，在数学魔力的驱使下，人们发现，从简单明了的前提出发，按照同样简单明了的逻辑步骤，最终所得到的结论却完全不是简单明了的：对整个世界出乎意料的全新发现呈现在眼前，或绚丽迷人，或具有很大的实用性，而所有这些发现都是真实可靠的。并且，未知世界无边无际，数学只是为通向新世界铺平了道路。

至此，笛卡尔提出以下问题：能否把数学方法正确地运用到非数学知识领域？如果能在数学之外找到不容置疑的命题，那么这些命题就可以作为演绎论证的前提，从中演绎出的一切必然是真实的。这就提供了知识体系的方法论基础，人们可以百分百地依赖它。但这些前提是否真的存在？

3. 笛卡尔的论断——我思故我在

笛卡尔认为，一切都是可怀疑的，因为我的感觉可能会欺骗我，比如我看见水中的筷子是弯的，实际上它是直的，沙漠里的海市蜃楼也只是一种幻影。我们不能依赖感官获得真知。他假设有一个"万能妖魔"控制了"我"，他刻意塑造"我"的官能与理智，使任何"我"以为真的东西都是假的，在这种极度怀疑下，笛卡尔推出"我思故我在"，是唯一不可置疑的真知——当"我"思想"我存在"时，"我"的思想肯定存在，那么，这个可以思想的"我"就肯定存在，因此，"我"肯定存在。

他说："我"知道"我"是一个不完美、有缺陷的存在，但"我"的思维中却有无限的、永恒不朽的、方方面面都完美的存在概念。由于任何事物都不可能从自身中创造出比自身更伟大的事物，因此，必定有完美的存在，这个存在就是上帝。上帝是完美无缺的，这一事实意味着"我"可以信赖上帝，上帝不会像恶魔那样欺骗"我"，因此，只要"我"全力以赴，聚精会神，按照要求进行严格思考，"我"就能够确认那些清楚明白地呈现给"我"的真理。诚然，这不能借助感官，因为感官会欺骗"我"；而是借助于心灵，心灵作为"我"的组成部分能够把握上帝和数学，而感官则不可能做到。心灵是不可动摇的存在。

4. 理性主义的诞生

从这一结论出发，形成了所谓理性主义哲学流派，其基本信念是，对世界的认识必须借助于理性才能获得，感觉经验本质上是不可靠的，与其说它是认识的源泉，不如说是谬误的源泉。自此，理性主义成为西方最持久的哲学传统之一，它对西方思想的重要影响从未减弱过。

后来的哲学家很少像笛卡尔那样从不怀疑上帝的存在。不过，笛卡尔的一些基本观念对西方思想产生了影响。他认为，科学发现的逻辑要求人们从确凿无疑的事实出发，通过一系列的演绎推理从事实中得出逻辑结论；这一思想为西方科学奠定了基础。此后，绝大多数的思想家都认为，在把确凿的事实确定为前提的过程中，可控制的和训练有素的观察（即对感官的运用）发挥了不可替代的作用；不过，他们也认为，笛卡尔的基本方法是正确的，这就是首先从可靠的事实出发，然后把逻辑运用于事实之上，而不让哪怕一丝半点的怀疑在其中捣乱。笛卡尔使人们相信，这一方法意味着，以数学为基础的科学能够为人类带来关于世界的可靠知识，事实上，这一方法是人们以绝对的确定性认识世界的唯一方法。受其影响，确定性的寻求成为西方占据主导地位的知识活动，而对方法的考察成了寻求确定性的核心要素，因为笛卡尔认为自己不仅确凿无疑地提供了这样的知识，而且指明了如何去获得这样的知识。

笛卡尔提出不同于前人的哲学问题。早期的哲学家，苏格拉底之前和苏格拉底时期的哲学基本问题是：世界由什么构成的，我们应当怎样生活，而当问题变成"我能认识什么"后，它把认识论置于哲学的核心，以至于后来的许多哲学家都把哲学基本看作认识论。把怀疑看作一种方法——整体而言，任何认识都可以从逻辑上加以怀疑，从而一层层地剥开习俗的观念和假设——借此，笛卡尔使我们回到原点，并一切从头开始。笛卡尔关注的是"我能认识什么"，而不是"我们人类是如何可能认识的"。

5. 笛卡尔的遗产——心与物

笛卡尔认为，人类的存在本质上是心灵，这一结论使他把世界看作是由两种不同的实体构成的，亦即心灵和物质。在他看来，人是经验的主体，其所在的世界除了其自身之外，都是由其所观察的物质对象组成的。他把自然划分为两种实体——心与物、主体与客体、观察者与观察对象，这种二分法成为西方人认识世界的一种根深蒂固的方式，如今被哲学家们称为"笛卡尔的二元论"。当下很多重要哲学家仍听命于二元论，当前所谓"唯物主义"与"唯心主义"的划分，就是根据物质和意识哪个作为第一性为出发点。如果以意识作为第一性，那便是唯心主义者。

（1）唯心主义的代表人物——黑格尔。

黑格尔认为，思维或精神并非来源于无生命的自然，其本身就是存在的首要构成要素，因此也就是现实的历史进程的主体。黑格尔用德文 Geist（绝对精神）一词来表示历史变化的整个过程。在黑格尔那里，"绝对精神"正是存在的质料，是存在的终极本质，现实的整个历史发展过程就是"绝对精神"向着自我意识和自我认知的发展过程。一旦实现了这一目标，所有存在便实现了与自身的和谐同一。黑格尔把这种自我意识的同一称为"绝对"。由于把存在的本质看作非物质的，其哲学也被称为"绝对唯心主义"。黑格尔本人把这种哲学与基督教信仰结合在一起，而他的追随者或者把它看作一种泛神论，或者看作一种没有上帝的宗教。其中最彻底的是卡尔·马克思，他接受了黑格尔的大部分思想，但认为整个历史发展过程的主体不是思维或精神，而是物质。

（2）唯物主义的代表人物——卡尔·马克思。

马克思认为，他已经把历史发展的观念建立在科学的基础之上，从而使人类能够科学精确地预测到未来社会的发展。

黑格尔的哲学思想是马克思主义哲学的重要来源之一。有必要把黑格尔哲学与马克思主义的核心思想加以对照比较：第一，现实不是静止不变的，而是一个持续发展的历史进程；第二，有鉴于此，要认识现实，关键在于认清历史变化的本质；第三，历史变化不是随意的，而是有规律可循的；第四，这种可循的规律是辩证法，即正题、反题和合题三者的不断运动；第五，异化使规律得以反复地起作用，确保任何一种静止的事态都会因自身的内在矛盾而最终被打破；第六，历史进程并不是人类所操纵，而是受制于自身的内在规律，人类融于历史进程之中；第七，这一进程持续不断，直到所有内在矛盾都解决才会停止，到那时，没有了异化，也就不再有变化的推动力量；第八，一旦矛盾消除，人类就不再受外在力量的摆布，就能够第一次自己掌握自己的命运，并成为变化的主宰者；第九，人类也就第一次获得了自由与自我实现的可能；第十，要获得自由和自我实现，社会就不再是分割的，即不再把独立发挥作用的个人看作自由者，社会是一个有机整体，个人融于整体之中，与个体的单个生命相比，整体更为宏大，也更为有效。然而，除了这些重要的相似性之外，马克思与黑格尔之间存在着一个重大差别，这是马克思继承另一位德国哲学家路德维希·费尔巴哈的思想结果。与马克思一样，费尔巴哈也是黑格尔左派。在马克思看来，现实的基本构成因素不是精神而是物质。他坚称自己是唯物主义者而不是唯心主义者。因此，在马克思看来，上述的十个方面所展示的整个宏大的历史辩证过程，就是由构成世界的物质力量推动的。正因为如此，马克思把自己的思想体系称作"历史唯物主义"或"辩证唯物主义"。

以上说明人的认知的理性一面，人可以依靠自己的理性不断深化对自身和世界的认识。

（二）经验论——洛克、休谟

经验论并不是不需要理性，而是反对理性论贬斥感觉经验，不把它当作知识的源泉，主张只有运用理性才能获得可靠的知识这种看法。经验论者认为外部世界的信息在感官中就能呈现出来，心灵的主要作用是对这些信息加以判断和组织，从中引出意义，并与其他事物相关联。而事实的根源只能是感觉经验。经验论的代表人物主要有洛克和休谟等。

1. 洛克的白板说

洛克（1632—1704），英国哲学家，经验主义的开创人，他认为经验才是人类知识的来源。洛克生活在英国政治最动乱的时代，这个时代彻底地影响了他的治学与思想。在他的出生和成长期，泛欧洲的三十年战争和英国内战一个紧接一个。成年后，英国的国内外形势引他走向以功利为导向、以官能为基础的求知方向。他的代表作《人类理解论》（1690）出版时他已经快60岁了。这本书是他累积了多年经验、经历了不少变迁后写出的，甚至可以揣测，他可能先有政治观，然后才以知识论去支持他的政治论点。他的《政府论》（下卷）也是1690年出版的。

他走上了与笛卡尔相反的方向，甚至可以说，洛克的经验主义是针对笛卡尔理性主义而形成的。首先，洛克和笛卡尔两人在心态上不一样，这反映在他们的求知上。笛卡尔要解决的是知识不统一、不稳定，需要的是"无可置疑"的知，因此他摒弃那些来自感官的不可靠知识。他的动机（心态）是求真，是一种为知而知的追求。而经历不少风霜、不断修改自己意见的洛克所关注的是"用"（实用），因此他追求的是"可靠性高"和"足够应付需要"的知识，他认为真知是求不到的，仿真就行了。洛克登场之时，笛卡尔的理论已成主流，因此洛克要想建立以官能为基础的经验主义，必先否定笛卡尔的天赋理念，也即是否定内在真理的存在。洛克认为知识不是来自神的启示或人的内在理念，他的推理很简单：假如"天赋理念"存在，为什么没有所有人都同意的理念，比如神、人等？

洛克认为，我们的感官构成了人与外在现实之间唯一直接的通道，只有借助感官，我们才能认识外界的东西，我们的头脑能够对这些事实材料进行奇妙的处理，倘若这些材料不是来自我们或他人的感官，思维与外在现实的唯一联系就会丧失，这样的话，不管思维能力如何，它们与外在世界的事物毫无关联。所以，我们关于现实的观念与认识，最终必然来源于我们的感觉经验，或者建基于以感觉经验为终极源泉的那些要素上。洛克否认人的天赋观念，认为人出生时思维是一张白纸，不存在什么天赋理念，经验就写在这张白纸上，此后关于外部现实的所有知识和理解都由此而来。

洛克认为知识没有绝对的确定性。他不赞成笛卡尔的观点，即认为关于世界的科学知识是从不容置疑的前提中推导出来的：在他看来，关于世界的科学知识并不像数学那样具有确定性。他提出了一种截然不同的观点：人类的知识是在感官经验的基础上逐渐积累起来的，并且存在错误的可能。我们根据经验来概括，这些都会出错。直接观察即使有他人的观察作证，也可能出错。所以即使是最严格地建立在观察基础上的知识也没有绝对的确定性，而仅仅是一种探索，常常可能出错。所以通过官能、经验而达到的知识（包括自然科学）只是"近真"或"仿真"，但这仍然是值得追求的，因为这种追求会使我们越来越接近真的真。

2. 休谟的怀疑说

英国启蒙运动哲学贡献出了三颗耀眼的明星，其中洛克来自英格兰，贝克莱来自爱尔兰，第三位就是大卫·休谟（1711—1776），来自苏格兰。休谟年纪轻轻就写出名著《人性论》，但是当时不受世人理会。后经过改写，他将该书分为两卷出版，其中的第一卷《人类理解研究》甚为重要。他不仅承袭了洛克的思想，而且还承接了贝克莱的思想，贝克莱的观点是："存在就是被感知。"休谟认为，既然贝克莱把外在的客观世界否定了，主张只有主观的心灵是存在的，他就要再进一步，指出主观的心灵也不存在。个人的心灵，即你我他的主体是不存在的。他宣称："自我只是一束知觉而已。"[①] 谁也无法观察到自身的自我，更不用说他人的自我了。当我们进行反思时，发现自己反思的是感觉经验，诸如思想、情感、记忆等，所有这些都是变动不居的，除此之外，我们永远不会遇见截然不同的实体，一个拥有上述经验的经验自我。因此，对于无法从经验中发现事物而言，我们不能假设其存在，由此出发，像贝克莱那样假设一种经验自我的存在就是毫无根据的。所以，休谟认为经验自我和认识主体是虚构出来的。如果有人要问上述情形中的"我"是谁，那么，经验或观察所给出的唯一答案就是："我"是一束知觉。

休谟认为，一切知识来源于感觉印象。对经验之外的实体不可知，比如外星人，"我"没有见过，不能判断它存不存在，只能说不可知。同样

---

① 布莱恩·麦基. 哲学的故事 [M]. 季桂保，译. 北京：生活·读书·新知三联书店，2015：113.

对于自我来说，当"我"反思时，"我"经验到了一个个具体的感觉和一个个具体的情绪，"我"永远不会遇见截然不同的实体、一个拥有上述经验的经验自我，因此，对于无法从经验中发现的事物而言，我们不能假设其存在。"我"是无法确切地认识外在对立存在的物质世界的。

作为一切人类知识而假设的基础——因果关系是得不到人类经验直接认可的。通常认为，心灵经验到某些印象，这些印象使人联想到它们是由一种连续存在并且独立于心灵之外的客观实体所导致的印象；但是心灵完全不能为这些实体提供经验，只能提供暗示性的印象。心灵可以感受到一个事件 A 后，反复出现另外一个事件 B，心灵据此推断 A 是 B 的原因。但是实际上，为我们提供经验的只是 A 和 B 的事件，至于因果联系本身我们是感知不到的，只是我们的想象而已。

休谟对人类经验做了更进一步的心理分析之后得出：心灵本身不过是一堆毫无关联的知觉而已，并不能有效宣称拥有实体性的统一、连续的存在或内在的一致性，更不用说客观知识了。产生于人类自身观念的一切秩序和一致性都可以理解为心灵编造的虚构。没有什么可以说是客观必然的——没有上帝，没有秩序，没有因果性，没有实体的存在，没有个人的同一性，也没有真正的知识。一切都是偶然的，人认识到的只是现象、混沌的印象；人在其中所认识到的秩序是出于心理习惯和直觉需要而想象出来、投射出来的。

经验论和理性论其实都属于理性主义范畴。它们的目标只有一个，就是如何获得真理性知识。经验论特别注重经验的作用，把经验看作知识的来源，从感觉经验出发，通过归纳总结而推导出普遍的知识，重视或然真理，把观念与经验的符合当作真理的标准。理性论从天赋观念出发，通过理性的演绎来建立整个知识体系。理性论以数学作为知识的模型，把必然真理作为知识的目标，把观念的内在标准作为真理的标准。

但是二者走到最后，都进入了一个死胡同。经验论只承认知识具有新内容，但无法说明其具有普遍必然性；理性论只承认知识具有普遍必然性，却没有经验内容。

有没有既有普遍必然性，又有新内容的知识呢？

（三）综合论——康德认识论的哥白尼式的革命

伊曼努尔·康德（1724—1804）被哲学信徒们公认为自古希腊以来哲学领域里最为杰出的人物之一。他出生在普鲁士西部的偏僻小镇哥尼斯堡，一生中从未离开过这一出生地。他终生未娶，在外人看来，他的一生平淡无奇——哥尼斯堡人可以根据他每天在窗前的踱步规律来校正手表，这并不意味着他了无生趣。相反，他天性敏锐，动作利落，谈笑风生，他性善合群，从不独自一人进餐。尽管一生从未离开过哥尼斯堡，他仍然能够享誉全球。他的第一部代表作《纯粹理性批判》发表于1781年，这时他已经57岁了。自此以后他的作品一一问世，如《对一切未来形而上学之序言》《道德形而上学的基础》《自然科学、形而上学原理》《实践理性批判》《判断力批判》《单纯理性限度内的宗教》《永久和平论》《道德形而上学》等。

康德的思想背景主要是近代的两派哲学：一是理性论，一是经验论。这两个学派的立场是泾渭分明的。而他所面临的时代困境是，理性主义与经验主义皆已走到极端。理性主义走到极端就成了"独断论"，就是肯定每个人生下来心灵就存有"天生观念"，而他在世间的一切经验都是机缘；由于机缘出现，他的观念可以得到证明。譬如，我只见过一头羊，但我知道羊之所以为羊的本质是什么，一旦掌握了这个本质就可以认清一切羊了。这说明人的心灵原本就有丰富的天生观念，理性论若不这样讲，就无法保障知识的普遍性。

人类为什么有此本事？靠的当然是天赋理念，因为后天的经验累积是没有普遍性的。比如，面对撒谎三次的人，你很难断定他的本质就是会撒谎的，因为人会改过迁善，说不定他第四次就不再撒谎了。身为主体去认识万物时，普遍性若非后天得来，自然是先天就有的。理性论正是为了保障这一点。

再看经验论。为何在众人批评它只讲经验的归纳、没有普遍性时，经验论者仍要坚持自己的立场？因为经验论者认为，"心灵如一张白纸"，一个经验产生了印象，累积后成为联想的材料；联想的东西没有普遍性，但经验论者谦虚地表示，只要满足生活之需就好了。如此一来，宇宙万物似乎都无法被人掌握。到了休谟那里自我就成了"一束知觉"。经验论到最后就变成了怀疑论。一是独断论，一是怀疑论，这两者皆是思想的末路，不能再发展了。

康德的时代正好碰上这两种学派走上极端、分道扬镳，完全不能沟通，这是个很大的危机。经验论否定了数学和自然科学的可能性，但这两类科学的存在是显然的；理性论的基础是上帝存在，但我们根本不可能通过知识证明这一点。

康德面临的困境与哥白尼之前面临的困境非常相似。在哥白尼以前的天文学中，观测者是固定的，作为观测对象的天体是运动的，在此建立的理论存在很多漏洞，而且与很多实际观测也不相符。后来，哥白尼把两者的关系颠倒过来，做出了完全相反的假设，即假设观测对象（太阳）是固定的，而观测者（地球）是运动的。在这一假设下建立的理论更加有效，观测结果得到了很好的解释。

康德的认识论在思维模式的转化上与哥白尼极其相似：不是我们的认识符合对象，而是对象符合我们的认识。康德的结论是：我们的知识中之所以会包含必然与对象相符的、具有普遍必然性的内容，是因为这些内容是我们人类"放进"我们所认识的对象之中，按照我们所希望的那样。

1. 现象界与物自体的划分

康德把我们的认识局限在现象界，这是我们可以认识的世界，现象界是人类对事物表象的世界。呈现于我们意识之中的是事物刺激我们各种感觉器官的产物。如离开了眼睛就不可能有视觉，离开了耳朵就不会有听觉，离开了大脑也就谈不上思想与观念。视觉、听觉、观念等并非外在于人的东西，而是人对事物的表象。我们观念中呈现的现象，始终包含我们"放进"的东西，从来不是事物的"本来样子"，康德把不受人类认识因素影响的这一"本来样子"称为"物自体"或"本体"，与现象相对。

我们以盲人摸象的故事来说明康德的上述观点："盲人"就是人类，"大象"就是物自体。盲人只能通过触觉来感知大象，从而只能通过解读触觉所获得的信息来了解大象。因此，盲人所了解的大象并不是大象"本来样子"，而是盲人基于自己所获得的有限信息和解读这些信息的模型而"构建"的一只"扭曲"的大象。本体界的一切在康德看来都是先验的，也就是说，它们存在，但是人类经验无法加以把握。

2. 科学知识何以可能

心与物的对应关系在自然科学中之所以成立，是因为科学所解释的"世界"已经经过人心自身的认知机制所规范的世界。在康德看来，人心的本质是这样的，它并不只是消极接受感官材料，相反，它主动整理并建构材料，因此人类能够认识客观的实在，乃是与人心的基本结构相符合的那种客观的实在。科学处理的世界与心灵的原则之所以相互对应，乃是因为心灵所得到的世界已经是心灵加以组织过了的，与人类心灵自身的过程相适应。人类对世界的一切认知都要经过人类心灵范畴加以传递。科学知识的必然性和确定性均源自心灵，并且镶嵌在心灵对世界的认知和理解里面。它们并不是源自独立于人类心灵的大自然，事实上它们根本无法忍受大自然本身。人类所能认识的乃是其知识所能够渗透进去的世界，而科学的因果性和必然性规律乃是建构在其认知框架中的。仅凭观测并不能给人以确定性的规律；相反，这些规律反映着人类精神组织的规律。在人类的认知活动中，心灵不是要与事物相符合；相反，事物倒是要与心灵相符合。

3. 人类的三大认识能力

康德认为人类之所以能够获得这些真理（先验的与经验的），是因为人类具有这样的"自然倾向"，即人类具有独到的认识能力。他进一步把这些能力概括为三个方面：感性、知性和理性。

感性是我们的感官接受对象刺激，进而获得表象的能力。感性总体上是人类具有的一种被动性能力，但其中蕴含着主动性成分，即人类在接受对象刺激的过程中，已经将直观形式注入其中。

知性是人类在感性提供杂多的经验材料进行综合整理加工的能力。由于人类的思考是通过概念进行判断，因此，知性也称为概念能力和判断能力。

理性是比知性更高一级的认识能力，是在知性所产生概念和判断的基础上进一步推理的能力。一方面，根据知性（与感性合作）获得的知识，理性通过推理得到新的判断，从而产生新的知识；另一方面，理性又为已经获得的知识提供统一性，使其系统化，并对知性和感性发出指令，要求获得新的经验知识，以填补知识系统的欠缺。因此，理性是人类认识的最高级能力。关于这三大能力的关系，康德认为，我们的一切知识都开始于感官，由此前进到知性，而终止于理性，在理性之上我们再没有更高的能力来加工直观材料并将之纳入思维的最高统一性之下了。

从感性到知性再到理性的认识顺序，是逻辑上的顺序，并不是时间上的顺序，因为人类在获得经验时，这三种能力通常是同时发挥作用的。

4. 感性的纯形式：时间与空间——时空的先验观念性

时间与空间并不是客观对象固有的属性，而只是人类的主观观念。对于这一点，康德从三个方面进行了论证，即时空的独立性、单一性和无限性。

时空的独立性是指时间和空间并不依赖于对象，而是独立于所有对象。为了说明这一点，康德进行了一个思想实验。他说，我们完全可以想象一个没有任何对象的时间和空间，但是无法想象一个不存在于任何时间和空间中的实在的对象。比如，我们看到一把椅子，它是一把处于特定时间和空间中的椅子，这些时间信息和空间信息包含在我们感性的直观中。面对这把椅子，我们可以在思想中想象椅子突然消失的情形，但我们不可能想象这把椅子存在的时间与空间也一同消失，更不可能想象在时间和空间消失后椅子仍然存在。也就是说，这把椅子消失后，它原来占用的那部分空间仍将存在，而我们看到它的那段历史时间也不可能发生改变。

时空的单一性，是指只有一个单一的时间、一个单一的空间，我们通常所说的一段子时间或子空间，都分别是两者的一部分。也就是时间（空间）是一个整体，但这个整体并不是事先存在的各个部分时间（空间）的加总。相反，作为整体的时间（空间）在逻辑上必然先于被分割的各个部分时间（空间）而存在，没有整体的时间（空间），就无法想象作为部分的时间（空间）。

时空的无限性是时空独立性和单一性的必然要求和自然结果，因为只有时空具有无限性，它才可能包容无限的对象，我们也才可能通过不断限制而得到我们经验中的子时间、子空间。

时空的独立性、单一性和无限性：表面时空不是对象的客观属性，因为如果时空是如此的话，时空的存在必然依赖于对象，从而不可能是独立的；对象是多样的，时空也必然是多重的，从而不可能是单一的；具体的对象是有限的，从而时空不可能是无限的。

既然时空不是对象的属性，而我们关于任何事物的直观中都必然包含着时间与空间，康德得出结论：时空属于人类的观念，即时空具有观念性，而且这种观念必然是先验的，也就是在逻辑上必然先于任何经验，但会蕴含在所有经验之中。

更为具体地看，时空是人类任何经验的前提，任何经验都涉及具体的对象，而具体对象都是有限的，相互之间又各不相同；同时，人类又只有有限的生命，在一定的时间和空间内，只能经历有限的对象。因此我们不可能在必然分散的、有限的经验基础上，获得单一的、无限的时空观念，时空观念也就只能是先验的。

时空具有经验实在性：由于人类的认识能力具有不可避免的局限性，人类不可能直接观察到无限的时间、无限的空间，我们能够感觉到的时间与空间，永远只能是无限时空中的一部分。时空同样具有实在性，但不是客观实在性，而是经验的实在性。

康德是如何做出这样一个划时代的结论呢？他一开始就注意到，即使可以从数学判断中把一切源自经验的内容抽走，空间与时间的观念仍然存在。从这点出发，他推导出结论，任何为感官所经验到的事件都可自动在一个时间与空间关系的结构中找到自己的位置。时间与空间是"人类感觉力的先天形式"：它们规定了一切通过感官获得的事物。数学之所以能够精确地描述世界，是因为数学原理必然包含时间与空间的背景，所有事件都可以通过这个背景被观察到，而空间和时间构成了一切感觉经验的基础——它们构造并且规范了任何经验观察。因此，时间与空间不是从经验中引导出来的，而是经验的前提条件。它们不能被观察到，但是它们构成了一切被观察到的事件的背景。不可认为它们独立存在于心灵以外的自然界，但是没有它们，心灵就不能认识世界。

5. 统一所有直观——范畴：知性纯形式

感性获得的经验杂多只是事物的表象罢了，时间、空间的纯形式使感性直觉成为可能。所有感性杂多综合整理统一起来，是知性的作用，是知性的纯形式在起作用。所有感性杂多都要遵循统一规则，在这个规则下进行统一整理，这个起到规则作用的东西是什么呢？是知性的纯形式——范畴。范畴——人类先天的思维形式，这种纯形式是独立于经验，但又构成了经验的条件。康德把范畴分为四大类：剂量的范畴、质的范畴、关系的范畴和模态的范畴。

我们以因果范畴（属于关系的范畴）为例来说明。

怀疑论者休谟曾说：我们根本就不可能发觉事物间的因果联系，我们总是只能发觉到相继发生的事件。因此，因果性原则根本就没有客观有效性，它只是一种习惯性的思维方式。康德说：因果性原则不是来源于感觉，而是来自知性，而且这对于一切经验都具有普遍必然的有效性。因为一切经验都是这样产生的，没有其他的可能性，即知性将它的思维形式铭刻在由感性提供的材料上（在其中作为一种因果性的关系），显然，我们在一切经验中也必然会再遇到这种形式。

康德的分析表明，心灵的特征和结构是这样的：它在时间和空间中感知到的事件必然从属于它的一些先天原则，即认识的范畴，例如因果律等。这些范畴反过来将必然性赋予科学知识。我们不能肯定一切心灵之外的世界中的事件之间是否都存在因果关系，但是，由于人类所经验到的世界必然受到其心灵的禀性的影响，我们可以肯定地说，现象世界里的事件都是有因果联系的，科学也可以如此继续发展下去。心灵并不是从观察中引出原因与结果，而是已经在一个原因和结果作为预先假定的实在的背景中去经验所观察到的事物：人类认知中的因果关系，不是从经验中来的，而是被带到经验中去的。

因果范畴如此，其他认识范畴如实体、数量和关系等也是如此。没有这些基本的参照框架，没有这些先天的解释原则，人类的心灵是没有能力理解其世界的。人类的感觉力和理解力正是通过自身的特性使纷繁复杂的人类经验转变成统一的知觉，将它置于时间与空间的框架里面，使之受到有秩序的因果关系、实体以及其他范畴的制约，否则人类的经验只是一种混沌的、纯粹无形式的、零碎的多样性。经验是心灵加诸感觉的一种构造。

心灵所认识的世界是经验的现象世界、表象世界，这个世界是人参与其中并加以建构的，是人类自己的创作，这个世界本身（物自体）是人类心灵经验不到的，是人类只可思考而不可认识的东西。

先天的形式和范畴充当了经验的绝对条件。人在其世界中感知秩序不是基于世界，而是基于心灵。心灵可以说是努力使世界服从其自身的结构，所以感觉经验都要通过人类的先天结构的过滤。人能够获得关于世界的确定知识，不是因为他有能力洞察并把握世界本身，而是因为他所感知、所理解的世界是一个已经贯穿了他自身精神结构的原则的世界。这种结构是绝对的事物，不是那个最终在人们认知范围之外的世界本身。由于人的精神结构是绝对的，所以康德假定，人的认识可以具有真正的确定性，当然，这种确定性只能在现象界，也就是他唯一能够经验到的世界。

总之，范畴是人类加诸自然界的，不是自然界本身就有的，自然界本身有没有我们是不可知的。

6. 理性——人类心中的明灯

康德把理性分为一般理性和纯粹理性。一般理性包括感性与知性，纯粹理性是感性与知性之外的理性，是实在应用与纯粹应用的理性。

感性获得的是经验杂多的表象，知性是对感性获得的杂多表象进行加工整理，知性的范畴应用于这些杂多表象之中，使杂多表象之间按照一定的规则进行连接，形成知识，这样的知识是概念与概念间形成的判断。

人类不满足感性与知性获得的知识，还需要更高一级的统一，这就是理性。理性的能力就是把感性与知性形成判断的知识进行更高级统一的能力，是一种推理能力，给经验世界提供整体秩序的能力，也就是说，把知性得到的各种知识、规则和定律再进一步加以综合统一，把它们概括为最高、最完善的系统，以达到把握无条件的绝对知识的能力。理性的作用是从一个宏观的角度对世界进行统一，给经验世界一个秩序。理性的天然倾向就是追寻现象背后是什么、存在之为存在的根基。理性可以不参与到具体的经验知识的建构中，但能够起到指引作用。

理性探讨的就是世界的本质、存在的根基、无条件的问题，最后追溯到的就是灵魂、宇宙和上帝。灵魂是心理学的追溯，比如，你为什么会有这样的想法，为什么要做善事？对这些问题的追溯就会涉及灵魂层面。宇宙就是客观世界的一种追溯，对物理现象知识的追溯。上帝就是主观与客观的统一，就是那个绝对的存在。这三种理念是一种先验理性理念，它就像明灯一样一直指引着现象界。

以上介绍了西方三大认识论——理性论、经验论和康德的综合论。三者对知识的获得、人的认知进行了分析。康德把知识局限在现象界，而不是物自体本身。他为科学知识的确定性找到了答案，也为人的自由、信仰留下了地盘。

通过分析"知"，我们看到了人类认识世界的理性能力。康德把人的理性规定在现象界，物自体是无法认识的。人类对世界的认识是主观建构的，不是认识符合对象，而是对象要符合认识。人类对自然的认识以及对自身的认识都受到人类认识方式和条件的限制，科学的发展也越来越能够证实这一点。人类不仅无法成为世界的主人，甚至无法作为自己的主人。人类认识的有限性和犯错的可能性远远大于人类对世界的无限性的把握，也是人类认识活动中不可摆脱的限度。在整个认识过程中，对确定性和精确性的要求则是一切认识的最终目的，而不确定性和模糊性却是永恒的参数。从尼采的"上帝死了"、叔本华的"作为意志和表象的世界"到弗洛伊德的"潜意识本能"、萨特的"他人就是地狱"，这些表明，人们逐渐转向了非理性的研究，发现了情感、意志在生活中作用。

二、情

每个人内心中充满情感，表现出喜、怒、哀、乐、恐惧、惊讶、爱、厌恶、羞耻等各种情绪。它是人与人、人与物交往的基础，并产生亲情、友情、爱情以至万物有情。

情感的能量很大，如果只集中于一点，就容易陷入执着，而执着有可能导致生命毁灭，所以情感需要善来协调，使感情能够普遍而适当地发展，使生命变得活泼，并展现其多姿多彩。

（一）情绪的运作特色

情感的表现是情绪，它的运作模式有四种特色。

1. 先于思考或理智

思考和理智属于知的方面，也就是人在学习、理解、判断时所需的能力。情绪的反应远比思考和理智快速，有时候是急促反应，会有身不由己的感觉。譬如，当一辆车冲向某个人时，他一定会立刻做出反应，而这个反应是源自紧张、害怕的情绪。他不可能在当下还思考"这车子是什么牌子，性能好不好"等之类的问题，因为想清楚就来不及了。

2. 反应迅速但未必精确

各种情绪是可以互相快速转换的，譬如原本觉得恐惧的事，发现真相以后感到十分惊讶。或者没人帮自己过生日，觉得很失望、很难过，回到家以后发现所有人都准备好了庆祝，原本悲伤的情绪就会突然转变成喜悦。

思考通常有逻辑、有次序，因此转变的速度不会太快。情绪的反应则相当地快速，却不一定准确。有时候各种情绪快速转换，到最后连自己都搞不清楚。这就是因为反应太快，以致来不及做正确的判断。

3. 由象征引发联想，以记忆取代真实，然后情绪泉涌而出

人拥有联想力，联想力的出现不见得依照逻辑顺序，有时候是跳跃式的思考。象征会引发联想。譬如，一个小孩在玩黑色的玩具熊时，被雷声吓到，从此之后他看到黑色玩具熊就会害怕。这是因为玩具熊变成了打雷的象征，让这个小孩产生可怕的联想。

记忆则是过去发生事情所留下的印象。记忆有时候会取代真实。譬如，某个人小时候曾经目睹一个穿红衣服的人杀人，自此以后，只要看到穿红衣服的人都会被吓到，产生很强的恐惧感。这便是以过去的记忆取代真实，使得情绪泉涌而出，立刻表现出来。

4. 难以预测，真实会因时、因地、因对象、因状况而调整

真实一般是指"真正而存在的状况"。不过，真实有时候是需要解释的，它会因为时间、地点、对象以及状况的差异而有所调整。地点不同、状况类似，或者地点类似、状况不同，都会产生不同的情绪。譬如，某个人上次在某种情况下收到一个礼物很高兴，但是这次在相同状况下收到礼物，却不见得会和上次一样高兴，因为情绪的变化是很难预测的。

（二）性情、心情与情绪关系

情绪是一个核心。此核心的外围是心情。心情比情绪更为持久，情绪是当下立即做出反应，心情则会维持一段时间，譬如半天或者一天。忧伤、兴奋、快乐、恐惧这些感觉，可以是由一件事所造成的情绪，也可以是一种长期的心情状态。

心情的外围是性情。性情是"性格与气质的倾向"。外在环境会影响一个人的性情。譬如，成长过程中缺乏安全感的小孩，容易有怀疑、犹豫不决、敏感的性情；在快乐环境中成长的小孩，则容易有比较乐观的性情。

情绪的各种类型也都可以用来形容心情和性情，只是其范围大小以及稳定和牢固状态不太一样。一般而言，心情比情绪稳定，而性情又比心情稳定。因此，如果一个人的性情很乐观，就算在某段时间心情不好，他乐

观的性情终究能够化解负面的心情。同样，一个性情悲观的人，如果心情不好，就算遇到了一件能够让他快乐的事，这种快乐的情绪也会很快被不好的心情消解掉。

性情再向外扩展，则构成性格的一部分。换言之，性格包含性情，性情包含心情，心情包含情绪，如此一层一层，便形成了一个完整的架构。认清了情绪的结构之后，可以进而省思自己属于什么性情，应该培养什么样的心情以及情绪如何运作，这样就可以有效控制自己的情绪了。

（三）情感升华——审美感受和博爱情操

一般人谈到审美感受时，往往会有一种"忘我"的感觉。譬如本来很疲倦的人，在倾听动人美妙的音乐之后，忘记疲惫、烦恼以及自身所处的环境，进入另外一个审美的世界之中。这里所说的忘我，不同于庄子所说的借由修行而达到的那种忘我（忘了我是谁）境界，而是指借助音乐或美术的力量，让自己当下解脱，忘记本身的遭遇。然而这种当下解脱是有时间性的，较为局限且短暂。

博爱情操则是一种"超我"（超越自我）或"无我"的境界。一个人要常常有忘我的感受，才可能进入超我与无我的境界。因为"美"的作用是带来和谐，而和谐可以超越区分。人活在世界上，往往对别人与自我有清楚的区分，区分之后，就容易产生紧张状态，一切都要讲规矩与礼数。美术与音乐则可以化解这些区分。譬如一群人在唱歌时，往往会忘记彼此之间的计较及利害关系，此即由忘我逐渐进入博爱的情操。

到了博爱情操的境界后，就会有"天下万物一体"的体验。这种体验正是庄子所说："天地与我并生，而万物与我为一。"（《庄子·齐物论》）"我"的生命和天地的生命是同时展现出来的，因为"我"存在，所以天地的存在对"我"而言才有意义；若"我"不存在，则天地之存在只不过虚无而已。宇宙万物与"我"也是同一个存在。梦是人类潜意识的表现，在梦境中，人的生命如神话所描写的一般，可以自由转化。由此可知，潜意识的世界可以与宇宙本体相通，宇宙本体如一片汪洋大海，而我们是其中一滴海水。在陆地上时，人人都害怕被太阳蒸发或被别人消耗，一旦回到海洋就仿佛回到家乡，永远不虞匮乏。

（四）中外学者对自我情感的论述

1. 己所不欲，勿施于人——孔子

孔子在《论语》中常常提到两种情绪：一是"怨"，一是"耻"。这两种情绪综合起来的交汇点，则在于"恶"。

（1）怨。

人生难免有怨。怨就是觉得自己受委屈，是心理不平衡的显示。怨的发展有强弱两个方向，往强的方向发展则会产生"厌、愠、怒、恶"的情绪。"厌"是讨厌，"愠"是生气，"怒"是发怒，"恶"是厌恶。往弱的方向发展则会变成"憾、悔、哀、戚"。"憾"是遗憾，没有遗憾就不会有怨恨。"悔"是后悔，我们常说"无怨无悔"。"悔"比"怨"更深刻。"哀"是悲哀。我们常把"哀怨"放在一起，"哀"的感受也比"怨"更深刻。"戚"则是哀戚，譬如，"君子坦荡荡，小人长戚戚"，小人的心里常会觉得有点闷，不大愉快。

孔子提出"怨"，是希望大家最终做到"无怨"；而提出"耻"，则是希望大家最终能够做到"有耻"。孔子认为，要做到无怨，最重要的是读诗，因为诗"可以兴，可以观，可以群，可以怨"。人生很难没有怨恨，因为人都有理想，当理想无法实现时，难免会怨天尤人。多读诗就可以消解怨恨，因为我们在诗中可以看到更多怀才不遇的人，从而了解自己并没有想象中那么糟。

（2）耻。

以耻为核心也可分为强弱两个发展方向。强的方向是："羞、辱、畏、惧"。"羞"代表惭愧，当一个人不能坚持德行时，就会感到惭愧；"辱"是侮辱；"畏"是害怕，如果一件事是可耻的，我们就会害怕去做这件事；"惧"就是畏惧。孔子说："知耻近乎勇。"又说："勇者不惧。"（《论语·子罕》）只要有耻，就会无所畏惧。弱的方向是"患、忧、疾、恶"。"患"是担心，我们担心的往往是会让自己陷入耻辱的事情；"忧"是忧虑；"疾"是对某事很不满意；"恶"是厌恶，有如恼羞成怒，这一点可以和上述谈"怨"时的"恶"联系在一起。

总结起来，"怨"是具有侵略性的，是对别人或对事物的抱怨；"耻"则是收敛性的，以"自己感到羞愧"为起点。孔子认为人必须有耻，只要有羞耻心，就不屑去做不义的事情。

由此可知，当我们有抱怨的时候，要想办法化解怨恨；当我们担心做某件事带来耻辱时，就不要去做这件事。

且看《论语》中子贡与孔子的对话。

子贡问曰："有一言而可以终身行之者乎？"
子曰："其恕乎！己所不欲，勿施于人。"

无论做什么事，都要推己及人，将心比心，以自己的感受去体会别人的感受，以自己的处境去推想别人的处境。

2. 中和天下之根本——子思

子思是孔子的孙子，相传作有《中庸》一书。《中庸》开篇写道：

（1）天命之谓性，率性之谓道，修道之谓教。

（2）道也者，不可须臾离也，可离非道也。是故君子戒慎乎其所不睹，恐惧乎其所不闻。

（3）莫见乎隐，莫显乎微。故君子慎其独也。

（4）喜怒哀乐之未发，谓之中；发而皆中节，谓之和；中也者，天下之大本也；和也者，天下之达道也。

（5）致中和，天地位焉，万物育焉。

意思是：

（1）上天赋予人的本质特性叫作本性（人性），遵循着本性以做人处世叫作"道"，按照"道"的原则修养叫作"教"。

（2）"道"是不可以片刻离开的，如果可以离开，那就不是"道"了。所以，品德高尚的人在没有人看见的地方也是谨慎的，在没有人听见的地方也是有所戒惧的。

（3）越是隐蔽的地方越是明显，越是细微的地方越是显著。所以，品德高尚的人在一人独处的时候也是谨慎的。

（4）喜怒哀乐的情感还没有发生的时候，心是平静无所偏倚的，称之为"中"；如果感情之发生能合乎节度，没有过与不及则称之为"和"；"中"，是天下万事万物的根本；"和"，是天下共行的大道。

（5）如果能够把"中和"的道理推而及之，达到圆满的境界，那么天地万物都能各安其所、各逐其生了。

这几句话强调人之有天命之性，可称之为"中"，"中"乃是根本，如果能把其中的喜怒哀乐等情感恰如其分地表达出来，就是"和"。"和"，是恰如其分的意思。如"乐而不淫，哀而不伤"，就对了。再比如：礼之用，和为贵，这里"和为贵"不是说和和气气，这个"和"是指用得恰如其分。礼之用也要恰如其分，过头了就虚假了；不足了，心意没到，不够诚心，所以一定要恰如其分。这个分寸是很难掌握的。《论语》又说："礼之用，和为贵……大小由之。"只要掌握这样一个原则，掌握这个分寸，那不管大小事情，都可以得心应手。

人无法超越情感，但能期望发泄出来的情感皆能"中节"，如竹之节次分明，恰如其分。《孟子》一书中提到周武王"一怒安天下"。平常人一发怒，就可能骂人、打人，相较之下，周武王的一怒却能平定天下，这就是因为发泄的情感能够"中节"。也就是人的性情如果达到中和，天地就会安其位，万物就会蓬勃生长。

可见人的性情的重要性，性乃是体，情可感通万物。

3. 文明的批判者——卢梭

卢梭强调把判断建立在情感而不是理性的基础上，堪称西方哲学史上的第一人。

让·雅克·卢梭（1712—1778）生于瑞士日内瓦，从小母亲去世，一生从事过不同的工作，饱尝过生活的艰辛。与其他哲学家不同的是，他没有受过多少正规学校教育，这可能也是他推崇朴素情感、反对概念化思维倾向的原因。

他有幸结识了狄德罗等思想家，并应邀为《百科全书》撰稿。他创作的歌剧《神圣的村庄》《狡猾的人》（1766）公演获得巨大成功，但是他持久的声望来自他的散文。他最早的两篇文章是《论科学与艺术》（1750）和《论人类不平等的起源和基础》（1754）。此后，1761—1762 年，他四部最负盛名的著作中有三部先后出版，这就是《新爱洛伊丝》《爱弥儿》和《社会契约论》，第四部是他的自传《忏悔录》，在他死后出版。

卢梭认为，人类生而为善，在社会中的成长经历却使之堕落了。他认为，人的自然本能是善的，在自然状态下的人是"高贵的野人"。但是一个孩子要在所谓的文明社会长大，就必须压制和阻碍自己的自然本能，扼杀自己的真实情感，把概念化思维的人为范畴强加在情感之上，对自己真实的思考和感受有意地视而不见，却又假装思考和感受那些实际并未思考和感受的东西，结果就出现了真实自我的异化和彻头彻尾的虚假与伪善。这样，与人们通常以为的不同，文明并非真实价值的创造者和推动者，而是真实价值的玷污者和摧毁者。

尽管如此，人类一旦开始向文明迈进，就不可能再回到原始状态。因此，我们要做的似乎是使文明真正地成为文明——必须改进文明，以便人类能更加充分自由地表达自己的自然本能和情感。卢梭的出色小说《新爱洛伊丝》就弘扬和赞颂了激情和情感，把它们置于理性和自我约束之上，他开创了西方思想艺术史上摒弃理性束缚、自由表达情感和本能这一思想的先河，并产生了巨大的影响。

同时，卢梭还倡导对教育加以彻底改造，使人们从文明的心理桎梏中解放出来。其核心观点是教育不能像他所处的时代那样以压制和约束孩子的天性为目的，恰恰相反，教育应当鼓励孩子表达与发展自己的天性。教育的主要手段不是语言文字，更不是书本，而是实践与示范，也就是与人和事物直接打交道。进行这种教育的天然环境是家庭，而不是学校；教育的天然鼓励手段是同情和爱，而不是规矩和惩罚。卢梭所有的这些思想是在《爱弥儿》中提出的。该书可能是有史以来对欧洲教育发展影响最大的一部著作。

卢梭的宗教观也与他的其他思想并行不悖。与许多思想家不同的是，他不是一个无神论者，但是他完全反对把宗教以及宗教教义、信条和教理问答看作一套可以在知识上加以阐述的信念。在他看来，上帝超越于一切理性的阐述之上。敬畏崇敬之情应该占据主导地位，因为宗教首先关涉心灵，而非关涉头脑。

三、意

"知"强调"过去"，"情"强调"现在"，而"意"则指向"未来"，是对将来行动的抉择，因此它是一个创新的契机，只要一个意念转变，心志的决定就可以创造未来新的人生局面。换言之，每一个人都可以借由意志的抉择，使命运从这一刻开始扭转。

有一句话叫作"在生命转弯的地方"，这种话语具有生动的形象化意义。很多人的求学过程都相当平坦，从小学到大学毕业，一路顺遂，这就是生命没有转弯。然而一旦大学毕业，开始进入社会，显然就是一个人生的转折点，结婚则是另一个。这些都是生命中会出现的，属于外在有形的转弯。然而真正重要的是内心的转弯。内心的意念只要一转，虽然外表上没有什么改变，但是整个认识从此就走上了新的局面，焕然一新。

转换的关键一出现，生命就会创新，指向不一样的未来。因此我们对自己绝不能失望，不管过去发生了什么事，遭遇如何特别，现在年龄多大，都不重要；重要的是，你是否觉察自己内心抵达一个临界点，想要转变了。转变的力量来自"内心根本的信念"，这种力量一旦出现，是谁都挡不住的。孔子说："三军可夺帅也，匹夫不可夺志也。"(《论语·子罕》)三军之帅固然尊贵，但是他再怎么厉害也不过是一个人，一旦短兵相接，随时可能发生意外。"志"则是不可夺的，一个人只要下定决心，执着起来，任何人都没有办法左右他。所以我们要懂得珍惜自己的志向。

下面看看中外学者对意志的论述。

（一）大丈夫——孟子

1. 富贵不能淫，贫贱不能移，威武不能屈，此之谓大丈夫

这句话出自《孟子·滕文公下》，意思是说："在富贵时能使自己节制

而不挥霍，在贫贱时不要改变自己的意志，在强权下不能改变自己的态度，这样才是大丈夫。"

孟子在与纵横家的信徒景春谈论"何为大丈夫"的问题时说出了这句话。在孟子看来，真正的"大丈夫"不应以权势高低论，而是能在内心中稳住"道义之锚"，面对富贵、贫贱、威武等不同人生境遇时，都能坚持"仁、义、礼"的原则，以道进退。

孟子关于"大丈夫"的这段名言，句句闪耀着思想和人格力量的光辉，在历史上曾鼓励了不少志士仁人，成为他们不畏强暴、坚持正义的座右铭。直到今天，当我们读这句话的时候，似乎仍然可以听到他那掷地有声的声音。

2. 生于忧患，死于安乐

孟子曰："舜发于畎亩之中，傅说举于版筑之间，胶鬲举于鱼盐之中，管夷吾举于士，孙叔敖举于海，百里奚举于市。故天将降大任于斯人也，必先苦其心志，劳其筋骨，饿其体肤，空乏其身，行拂乱其所为，所以动心忍性，曾益其所不能。人恒过，然后能改。困于心，衡于虑，而后作；征于色，发于声，而后喻。入则无法家拂士，出则无敌国外患者，国恒亡。然后知生于忧患，而死于安乐也。"（《孟子·告子下》）

译文：

孟子说："舜从田野之中被任用，傅说从筑墙工作中被举用，胶鬲从贩卖鱼盐的工作中被举用，管夷吾从狱官手里释放后被举用为相，孙叔敖从海边被举用进了朝廷，百里奚从市井中被举用登上了相位。所以上天将要降落重大责任在这样的人身上，一定要先使他的内心痛苦，使他的筋骨劳累，使他经受饥饿，以致肌肤消瘦，使他受贫困之苦，使他做的事颠倒错乱，总不如意，通过那些来使他的内心警觉，使他的性格坚定，增加他不具备的才能。人经常犯错误，然后才能改正；内心困苦，思虑阻塞，然后才能有所作为；这一切表现到脸色上，抒发到言语中，然后才被人了解。在国内如果没有坚持法度的世臣和辅佐君主的贤士，在国外如果没有敌对国家和外患，便经常导致灭亡。这就可以说明，忧愁患害可以使人生存，而安逸享乐使人萎靡死亡。"

（二）既不屈从爱，也不屈从恨——叔本华

亚瑟·叔本华（1788—1860）出生于但泽，一个说德语的自由城市，现如今属于波兰的格但斯克。叔本华出身于一个富商之家，父母希望他从事商业，但被他拒绝了，相反，他在一生中把自己的财富用于个人研究和写作。他的博士论文《论充足理由律的四重根》（1813）篇幅不长，却成为一部经典之作。他在二十几岁就写出了自己的杰作《作为意志和表象的世界》，该书于1819年出版。叔本华认为该书揭开了宇宙之谜，然而，当看到无人喝彩时，他着实惊诧不已。这使他无所适从。在长时期的沉寂之后，他写出了一部小书《论自然中的意志》（1836），试图表明，科学的持续发展已经证明了他的代表作中的观点。此后他又出版了两部短小精悍的伦理学著作——《论意志的自由》（1839）和《论道德的基础》（1840）。

1. 世界作为意志和表象

叔本华赞成康德的看法，他把世界分为现象界和本体界，现象界是我们的经验世界，是我们的表象，它遵循因果关系。本体界即物自体，是我们无法认识的。但他不赞成把本体界看作是由各种物自体（复数形式）组成的观点，他认为不同的事物之所以有差别，是因为它们存在于时空世界之中。一个物体与另一个物体不同，是因为它们的时间特性或空间特性不同，否则它们就是同一个物体。即使是自然数和字母之类事物，也是有先后序列的，这最终也只与时间或空间有关。因此，叔本华指出，在时空世界之外毫无差别可言，一切都是同一的和无差别的。

此外，叔本华还指出，本体界不可能成为现象界，因为康德本人就已经揭示出，因果联系同时间、空间一样，只能在现象界获得，因此因果联系无法把现象界和现象界之外的世界联系在一起。比如，康德认为意志行为只存在于本体界，是人的身体能够"自由"运动的原因；而叔本华认为，这是不可能的。他说，事实在于，意志行为与之相关的身体运动，是以两种不同方式表现出来的同一事件，一种是内在经验的结果，另一种是外在观察的结果。"动机是内在体验到的原因。"现象界与本体界不是完全不同的世界，而是以不同的方式被加以认识的同一世界。

叔本华认为，整个本体界的特征是意志，这个"意志"与一般的理解不同。整个宇宙能量非常巨大，人类的想象力对此只能显得呆滞麻木。整个银河系的星球和太阳在空中碰撞、膨胀、爆炸、加热、冷却、自旋……所有这些能量、冲力、运动，其规模大大超出了我们的思想，它们与思想或意识毫不相干，完全是一种无意识的现象，是盲目的，毫无个性的或理智的，因而是没有动机、目的或意图的，是一种非人化的力量。这种力量既是现象界的表征，也是本体界的表征，我们借助自身的意志行为可以内在地体验到物理运动所表现出来的另一些神秘运动、力量和能量。意志是盲目的，无个性，没有思维或理智，没有目的和意图。

意志存在于一切物体中，人也不例外，人的本质并不在于思想、意识和理性。我们必须清除掉这个古老的特别是哲学家的错误。意识只是人的本质的表面。不过，我们也只能清楚认识意识，这就像我们只能清楚地认识地球的表层一样。我们的清醒的思想只是一潭深水的水面。我们的判断通常并不是通过把清楚的思想按逻辑原则联系在一起形成的——尽管我们总喜欢这样说服自己或别人。我们的判断是发生在黑暗的意识深处的，就像食物在胃里的消化一样，判断几乎是在无意识中发生的。思想和判断的产生使我们自己也感到惊奇，我们意识深处的思想的产生原因也恰恰令我们百思不解。推动我们的理智的仆人就是居于我们神秘内部的意志。意志就像一个强壮的盲人，他把一个视力正常却四肢瘫痪的人扛在了肩上。人看上去像是被从前面拉着走，而事实上，他是被人从后面推着走的。人是被无意识的生命意志驱动着的。意志本身是不可改变的，就像一种连续不断的固定低音，它以我们所有的表象为基础。

人的所有清醒的感官功能都会感觉到疲劳，都需要休息，唯独人的意志是永远不知疲倦的。如人的心脏跳动和呼吸功能这样一些无意识的活动永远都不会感到疲倦。睡眠只是暂时地夺取我们有意识的生命，它就是一段我们暂时租借来的死亡。不仅仅人的本质是一种意志，以此类推，存在于我们周围的空间与时间中的所有现象的本质也都是意志的客体化。首先是有机的生物具有意志，但是那些无机的自然现象背后也隐藏着意志。推动行星运转的力，使物质相互吸引和相互排斥的力，都是无意识的世界意志。

在生命的王国里，生命意志的最为强烈的表达形式就是自我繁殖的欲望。

2. 人生即痛苦

意志是无限的，而意志的满足却是有限的。沉溺于欲望和愿望之中，我们永远不会享受到持久的幸福和灵魂的安宁。一个欲望得到了满足，随即又会产生新的欲望。当我们清除了一个痛苦之后，满以为可以松口气了，可是新的痛苦又接踵而至。根本来说，人生的真正现实是痛苦。快乐和幸福是一种消极的东西，也就是说，是痛苦的暂时缺席。

（三）那些没有消灭你的，会使你变得更强壮——尼采

弗里德里希·尼采（1844—1900）出生于一个新教渊源很深的家庭，他的父亲、祖父和外公都是路德派的牧师。他在中学和大学以读古典语文学为主，并在学术上展示耀眼的才华，因此，他 24 岁就当上了全职教授。但是他从未正式研究过哲学，他是在读了叔本华的著作后走上哲学道路

的。由于口才不好，个性又相当愤世嫉俗，他的教学生涯并不成功。他在16年间写了大量比较晦涩的著作，包括著名的《悲剧的诞生》（1872）、《人性的，太人性的》（1878）、《善恶的彼岸》（1886）、《快乐的科学》（1887）、《道德的谱系》（1887）和《查拉图斯特拉如是说》（共4部，1883—1885）。

1. 权力意志

尼采赞成叔本华的观点，即人的本质是生命意志。但是，尼采的意志是复合的意志，是许多潜意志动态协作出现，它需要一种突破，找寻存在的可能性——这就是权力意志。

这里的"权力"并不是指政治权力，而是一种广义的权力。举例来说，废弃的城墙上，许多小草长在砖石之间。墙上怎么会有小草？这是因为小草有生命，它不管在任何地方都要凸显自己生命的力量，扩大自己的影响力。这就是权力意志的表现，但不是权力意志本身。

在他看来，宇宙里任何生命，只要存在，就会表现自己本身的生命力，而权力意志指的就是这种生命力扩张的状态。

具有极端权力意志的人是超人，他能突破习俗和观念的束缚，是具有自由精神的人。这种自由精神不怕冒险，不怕失败，它不愿拘泥于常规，而且是不止息的和动态的，它努力尝试不同的生活方式，它总是为高贵而奋斗，那即是，最大化实现它的创造性潜能。自由精神试验它的生命的所有方面，总是为它的独一无二的康健的最佳状况而奋斗。

尼采还将"超人"比喻为一个人在"走钢索"，也就是，他必须接受各种考验。尼采也被列为存在主义的先驱，因为他的思想凸显个人生命中"自我负责"的部分。他认为，一个人若只活在群众之中，不能算是真正的"人"，要做一个人，应该设法做个"超人"。所谓的"超人"是指：一个人活在这个世界上，要对生命充分肯定，也即要把生命潜能完全释放出来。生命潜能包括了"有形的身体"和"无形的精神"两个方面。尼采曾经举了一个例子，他认为真正的"超人"可以用两个人结合作为代表，这两个人就是拿破仑（1769—1821）和歌德（1749—1832）。拿破仑代表的是由身体开发出来、在有形世界获得的成就；而歌德代表的是精神方面、无形世界的精神表现。

德国人对拿破仑有一种由害怕到崇拜的情结，因为拿破仑曾经横扫欧洲，占领了整个德国（当时称为普鲁士），强势的姿态让当时的普鲁士人认为法文是一种优美而高尚的语言，德文则野蛮落后。然而，德国人由于被拿破仑占领土地而丧失的民族自信心，后来又因为康德、费希特、谢林、黑格尔等大哲学家的相继出现而逐渐恢复，到了20世纪甚至出现希特勒（1889—1945）这号人物。希特勒受到尼采"超人"概念的启示，不仅在墙上挂着尼采的照片，并以此为借口消灭所谓的低等民族（如犹太人），这使尼采蒙上了不白之冤。

（四）生命的本质在于创新——柏格森

亨利·柏格森（1859—1941）出生于法国巴黎，母亲是英国人，父亲是波兰裔的犹太人。他自己的母语是法语。他以在大学里教哲学为生，其作品的魅力却远远超出了大学的校园。1927年，他获得了诺贝尔文学奖。其最有名的著作有《时间与自由意志》（1889）、《物质与记忆》（1896）以及《创造性进化》（1907）。晚年，他的思想转向宗教，去世后不久被追认为天主教徒。

1. 生命冲动

生命冲动是一种内在于自我的"生命力"。柏格森认为，关于进化，随意性选择的机械过程是说明不了问题的，是一种持续的冲力把有机体引向更高级的个体和更精致的复合体，尽管这同时也带来更大程度的脆弱性和冒险。柏格森把这种冲力称为"生命力"。

2. 真正的生命——直觉的发挥

在柏格森看来，万物皆变，时间的流变变成了万事万物的本质，无须借助概念和感官，我们就能够直截了当地感受到这种内在于自身的流变。这种无须中介的认识称作"直觉"。他认为，从我们的决断来看，存在着能够直接认识到我们所拥有的自由意志的知识。这种对内在本质的认识不同于外在世界理智的认识。

理智让人可以活下去，但一个人真正的生命却要靠"直观"来表现。直观与理智不同，理智一定要通过概念，而通过概念所掌握的都是抽象的结果，并没有碰触到真实；相反，直观则不需要通过概念。比如，单是通过一些理性的问题（如哪一省人、读哪个学校、成长背景等），无法真正地认识一个人。要认识一个人，必须通过直接的接触。有时候，我们一看到某个人，就会对他有一种了解，这种无法用言语来表达的了解，就是直观，也可以说是人的第六感。直观往往是可靠的，有时候可以借此分辨一个人的真伪、善恶等。

一般而言，把这种直观能力发挥得比较好的是艺术家。艺术家可以凭借他们的直观捕捉到变化世界的灵光一闪，就像闪电在一瞬间把漆黑的大地照亮，一般人来不及反应，大地就重新回归原来的漆黑之中，但艺术家可以捕捉到这一刹那，并且把它们用色彩或声音表现出来。

这种情境无法用言语描述，但我们在看、在听的时候，就会受到震撼、受到感动。语言所能描述的通常都不是最高境界，譬如我们在听音乐时，常会觉得那种感受美妙得无法描述。这就是艺术的魅力，艺术家拥有这种能力，为人类表现了某种生命的样态，让我们在刹那之中品味到永恒的滋味。这就属于一种直观的感受，与理性大不相同。如果想要通过理性的分析与安排来达到相同的感受，恐怕相当困难。

第三节　自我的精神性——灵

灵是什么？它不像身心这样明显，我们很难感觉到，但是又是确切存在的，而且非常重要。

既然它看不见摸不着，但又存在，那如何界定它呢？

我们可以从中西方的思想发展史关于人的定义中找出它的蛛丝马迹。为了与其他动物相区别，人被定义为理性的动物，是会劳动、会使用工具的动物，是语言的动物。可以说，人类就是一个神秘的存在，尼采说："人类是一个思考着的戴着面纱者；如果说野兔有七张皮的话，那么人类就有无数次地抛掉他的外皮而仍然不会说'这是真正的你；这不再是一张外壳了'。"尼采认为人类不是一个存在，而是一种无限成为的状态。而这个无限我就是人的灵性。人的灵性可以看作是一个对自我规定者，是自己区别于自己，使自己成为另一个自己。它引导人的发展方向，它使身心活动获得意义，是人智慧的来源。

从中西方智慧可以看到人的思想发展走向。如西方国家多只信仰单一宗教，认为人是上帝创造的，主张人是具有神性的，而且在不同时代对人的规定也不同。如古希腊是一个崇尚英雄的时代，中世纪是赞扬圣人的时代，近代是推崇理性的时代，现代是主张公民和自由的时代。这种神性或者灵性是超越个人的，人与人之间是相通的，它使小我融于大我之中，使整个人类、宇宙融为一体。正如庄子所说："我与天地并生，万物与我为一。"

西方人讲人的灵性就是指人都有神性，而东方人讲的灵性，就儒家而言就是人人都有良知，如王阳明所说，"无善无恶心之体，有善有恶意之动，知善知恶是格物，为善去恶是良知"，主张人人都可以成为圣人。于道家而言灵性就是人人都有效法天地的道心，老子曰："人法地，地法天，天法道，道法自然"，主张人成为真人、仙人。佛教认为人人都有佛性，要意识到空，如慧能四句偈："菩提本无树，明镜亦非台。本来无一物，何处惹尘埃"，主张成为觉悟者——佛陀。

灵性的发展可以看作是对真、善、美的追求，是审美的境界、仁的境界，也是超越的境界，是人生发展最终的来源和依据。

下面着重从心理学和哲学来看中西方智慧走向或灵性发展方向。

一、心理学上看自我发展的潜能

（一）弗洛伊德"潜意识"学说

弗洛伊德（1856—1939）提出人有潜意识，许多行为由它所决定。潜意识通常解释为一种"未知觉到"的情况，亦即我们的"意识"所没有意识到的部分。

人有潜意识，代表人的心灵有一部分是自己所不知道或无法觉察的。人的生活只是一种表面的行为，无法从表面去找到某些行为的原因，因为这些原因在潜意识里面。譬如有些精神官能症的患者，会一边走路一边自言自语，或是忽然开口骂人，这些行为都必须从潜意识中找到问题所在。

潜意识指出了人和动物的不同之处。动物的行为大部分是可以预测的，然而人却不一样，人的内心世界有5/6是自己所不了解的。

弗洛伊德主张把自我分为"本我""自我""超我"。"本我"就是本来的我，对弗洛伊德而言，它是人类潜意识中的一种狂热欲望，这种欲望是盲目的、冲动的。这种欲望本身其实就是一种生命力，然而弗洛伊德却认为，这种生命力的主要表现为性欲的冲动。

"超我"是受到期许的我，代表一种本我的压制力量，也就是"社会性"。社会所提供的往往是一种理想，譬如社会上谈到教育时，常是给人一种理想，让他去追求，这个理想慢慢就会变成他的良心。由此可知，良心有时候是一种"从小接受的规矩的内在化"。内在化之后变成一种自我要求，如果达不到标准，就会觉得良心不安。

没有人能够没有"超我"，因为人的生命在刚开始的时候是非常脆弱的。此时，就会有人（譬如父母、师长）给予各种明确规范及外在要求，这些规范进入小孩的内心，逐渐形成一种代表理想的良心。这就是弗洛伊德所说的"超我"。

"自我"则是"本我"与"超我"互相冲突的场域，是充满矛盾与紧张的，它同时也是我们表现出来的与他人互动的一面。在弗洛伊德的理论中，"自我"是充满矛盾与冲突的：一方面，在"本我"中，人的本能欲望与动物很接近；另一方面，在"超我"之中，为了维护社会秩序，必须约束一个人的欲望，以免个人私欲无限扩大，造成社会失序。如此一来，在冲动与约束之间，就形成一个交战场所，也就是"自我"。

"本我"的原始欲望主要是性欲，它从小受到压抑，遁入潜意识。换言之，人类的生命的原始欲望被压抑后，遁入潜意识中，在其中挣扎冲突，因此我们的潜意识是一团混乱、一片漆黑，复杂得难以想象。

（二）荣格的集体潜意识学说

荣格（1875—1961）的理论核心是"集体潜意识"，因此他不认为自我是"面对"或对立于群体，而强调自我要"通过"群体。

弗洛伊德的潜意识是以个人作为一个生物体，强调本能或性欲。荣格则认为这种说法过于狭隘。他指出，人类除了个人潜意识之外，还有集体潜意识。集体潜意识分为很多层面，譬如，住在日本的人有自己的集体潜意识，住在中国的人也有自己的集体潜意识。进一步讲，这个世界的人，也都有共同的记忆，因此也有属于全人类的集体潜意识；甚至再向外扩展到宇宙，则有宇宙性的集体潜意识。集体潜意识可以根据社群大小不断延伸，分成很多层次。

1. 人类共有的集体潜意识

集体潜意识是由本能、原型所构成的，此二者的作用各自不同，但是必须互相配合。

本能是一种生物特质，能够决定人的行动。任何生物都有本能，譬如候鸟会随季节南北迁移，然而它们无论飞得多远，最后都会回到原来的地方；海龟出生后会离开出生地，然而几十年之后，它又会回到出生的地方产卵。本能是一种天生的能力，人类也具有这种能力。我们的祖先在大自然的法则下，同样是经过物竞天择后生存下来的，若是没有强烈的本能，是不可能做到这一点的。然而在整个社会的发展过程中，人类已经逐渐淡忘了自己的本能。

原型则比本能还要根本，它是指一个原始的、根本的典型。原型决定了人的认知模式，而人的认知模式主要是用来规范人的知觉作用。换句话说，当我们认知的时候，必须依靠原型来了解知觉应该如何运作。

集体潜意识是所有人都不知道，却一直存在着的东西。它是由本能加上原型所构成的。本能支配我们的行动，原型支配我们的认知模式。此二者合起来，则我们的"知"和"行"都有一定的轨道。

2. 原型的种类

原型可以使个人连接于群体。我们首先要介绍的原型是"Anima"与

"Animus"。此二词都是拉丁文，被荣格引用后，变成了专门术语。"Anima"代表灵魂的阴性部分，也就是"阴性灵魂"；"Animus"则代表灵魂的阳性部分，也就是"阳性灵魂"。每个人都是一个整体的结构，因此都具有阴性灵魂和阳性灵魂。

接下来提及智慧老人。智慧老人的典故出自亚瑟王寻找圣杯的故事，这个故事中有一位叫作梅林的老人，总是在关键时刻指点迷津。荣格认为，自古至今，不分中外，都会有人梦到老人，而老人是一种原型，代表着智慧。

伟大的母亲则是最常见的一种原型，至少可以分为四种：第一种是孕育世界的大地之母；第二种是能够包容一切、引导一切的天空之母；第三种是能够生育万物、肥沃土地的生育之神；第四种则是会对生命产生限制与威胁的黑暗之母。一般如果梦到母亲的样子，大概就属于这四种之一。

（三）自我要求意义——弗兰克

弗兰克（1882—1964）是犹太人，"二战"期间曾被关进集中营。他困处于集中营，常常思考一个问题："我们在集中营就是等死，那么凭什么还要活下去？"换言之，当时有六百多万犹太人被屠杀，即使还没有遭毒手的，也心知肚明随时会死。然而，人为了多活一段时间，居然可以忍受那种处于毫无尊严，随时被凌虐、被折磨的痛苦中。这是为什么？

最后，弗兰克发现，活着的意义在于"让自己变成另外一个人"。换句话说，承受痛苦的意义，不在于求得别人的谅解，或者希望能够报复、讨回公道，而在于使自己变成另外一个人。人的生命就是在要求自己，让自己变得与现在不一样，因为人的特质正在于可以"超越自己"。

因此，弗兰克在侥幸逃出集中营后，发展出了"意义治疗法"。他认为，一个人可以一无所有，但不能没有活着的意义。而意义治疗法就是以寻求生活中的意义作为治疗心理疾病的关键。然而，什么是意义？又有谁能够给我们生活意义？

1. 为什么觉得生活没有意义

弗兰克曾经针对美国大学生做过调查，发现自杀占大学生死亡原因的第二位，并且，有79%以上的大学生渴望建立一种具有意义的人生观与世界观。

一个人之所以会自杀，多半是因为觉得活着没有意义。这是为什么呢？弗兰克针对这个问题，提出以下两点推论：

（1）人不同于动物，没有"本能"告诉人"必须"做什么。人不像动物，吃饱了这一顿，然后继续寻找下一顿。可是人无法这样，因为人有思考能力，经常会想："我接下来要做什么？"也就是说，人在思想方面有多余的能量，而思想需要有具体的对象，不再局限于本能所控制的范围。

（2）现代人异于前代人，没有"传统"告诉人"应该"做什么。以前有传统告诉人应该做什么，而在现代社会中，传统已经不再受到重视，旧的价值观已经瓦解，而新的价值观尚未建立起来，以致许多人都认为"只要我喜欢，没有什么不可以"。

然而，当一切都变成了"只要我喜欢，没有什么不可以"的时候，我们无论做任何选择，都不再受限制，因而也就不会产生"非如此不可"的顾虑。如此一来，反而失去了依靠，到最后演变成只剩下两个选择：一个是"想要做别人所做的"，也就是追逐流行、崇拜偶像；第二个则是"做别人想要我做的"。一般而言，长辈都会对我们有所期待与要求，这时候我们若没有自己的想法，往往只能接受这些指示。

现代人最需要的，是生命中有一个能够激发斗志的目标。唯有当我们面对挑战、发挥潜能，一步步迈向目标时，生命才是有意义的。

2. 发现意义的三条路

意义是不能被给予、被制作的，而是在一段段心理历程中被不断发现的。人通常经由创作、体验、态度这三条路发现意义。经由创作的人就是能够工作或制造工具的人，经由体验的人就是"情感的人"，经由态度的人则是"承受的人"。

（1）经由创作：人是有理智的，所以可以创作。这里所谓的"创作"并非指狭义的艺术创作，而是指"在做一件事或创造一样东西的过程中，发现意义"，甚至煮饭、烧菜都可以算在内。换言之，每个人都可以创作。

然而，一般谈到创作的时候，还是希望能够制造一些比较持久或有价值的作品，自己的生命力量才能体现在作品之中，长久存续。换言之，做一件事的时候，把自己的生命力投注到其中，使它有所改变或被制造出来，这就是"通过创作而产生意义"。

（2）经由体验：在经历一件事或爱一个人中，发现意义。经历并不是指"做一件事"，而是指"经过"，然而体验这件事情，在体验时将自己的情感投入其中。这时候我们会觉得自己的生命很有意义。爱一个人也是相同的，当我们爱一个人时，也会觉得生命很有意义。

（3）经由态度：在独自面对某种无望的情境中发现意义。这是最困难的一条路。弗兰克在集中营生活就是一种无望的情境。当一个人困处在集中营时，真的会感到毫无希望。在这种情况下，如果要撑下去，就必须设法让自己展现一种承受的态度。

我们常说："我不能改变命运，但是我可以改变自己对命运的态度。"命运是无法操控的，它的力量比人类大得多。然而，若是能改变自己的态度，并且经由态度的改变，了解其中的意义，那么对于命运就能够坦然接受了，而不再是怨天尤人。

人生是充满意义的，意义无所不在，因为我们都活在时间过程中，每一个时空，每一件事情，都是唯一的，因为每一个刹那都在变化。而每一个刹那的我们也都是唯一的，所以我们要感觉自己的生命是充满意义的，而不是今天和昨天没什么两样。

（四）自我要求实现——马斯洛

马斯洛（1908—1970）以社会上的杰出人物作为研究对象，以其自我实现为典范，说明人类心理的正常发展。他提出人的需要层次理论和自我实现理论。需要层次理论根据人类的需要分为基本需要和发展需要，最终走向自我实现。人类的基本需要按低级到高级主要可以分为生理的需要、安全的需要、爱与归属的需要、尊重的需要与自我实现的需要（见图2-1）。

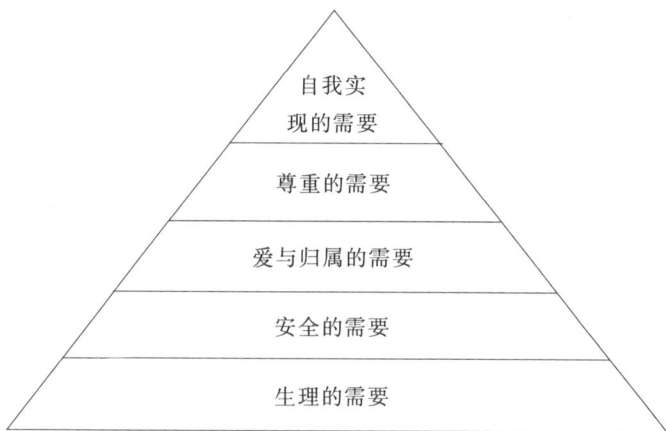

图2-1　人的需要层次理论

人的基本需要，是因为缺乏而产生的需要。换言之，这些东西并不是人类与生俱有的，因此必须靠自己一样一样去找寻。当这四种需要满足以后，人就要往上走到"自我实现"的部分。

发展需要，也就是"自我实现"的部分，表明存在的价值或后起动机。所谓存在的价值，就是指"我要做什么样的人"，或者说"我应该成为什么样的人"。进一步地说，人活在世界上，并不是拥有基本需要就会满足，还会进一步希望要做什么样的人，展现什么样的人生，这就是发展的需要，它是一个后起动机，而不是直接动机。后起动机通常是在基本需要满足后才会出现的动机。发展需要包括完整、完成、完善，单纯与丰富，正义与秩序，自我满足与乐观诙谐，意义感，真、善、美，最终达到自我实现。自我实现理论认为，自我实现就是指"完美人性"的形成，是发挥人的友爱、合作、求知、审美、创造等特性和充分释放潜能，也就是人的价值得到社会认可的过程。

1. 超验自我的顶峰经验

马斯洛的"需要层次理论"最后走向自我实现，然而我们还必须从自我实现走向自我超越。也就是"Peak Experience"，即"顶峰经验"。顶峰经验是指自我在那一刹那，与周围的一切都很和谐。举例来说，母亲早晨起来为家人准备早餐，准备好了之后，全家人一起在餐桌旁有说有笑地吃着。此时朝阳温暖地照进房子里，母亲透过金黄色的阳光看着一家人，心中突然感到很平静、很满足。这就是一种顶峰经验。在这一刹那，所有的烦恼、担心都被抛诸脑后，只剩下眼前这些美好。

顶峰经验是不能刻意强求的，尽管在相同的时间和地点做相同的事，也不见得能够得到同样的经验。顶峰经验的出现是突如其来的、完全不能预期的。在这刹那间，我们会感到自我与万物的和谐（这里的万物指的是我们周围的一切事物），一切如此美好、如此顺畅，仿佛时间就此停止。在这一刹那，就是永恒。

当一个人对自己的工作很熟练时，就有可能出现这种浑然忘我的顶峰经验。这时候无论做任何事，都会觉得完全不受干扰，身体也不会感觉到疲惫，因为这个时候生命力是完全流畅的。换句话说，只要懂得心情上的调适，无论任何人，从事任何工作，在任何时间和地点，都有可能感受到顶峰经验。

2. XYZ 理论

马斯洛在他过世的前一年，也就是 1969 年，写了一篇文章，叫作《Z理论》。这篇文章强调，他以前所讲的"自我实现"可以分为"X 理论"和"Y 理论"。"X 理论"是指基本需要中的"生理的需要""安全的需要"这两部分；"Y 理论"则是指"爱与归属的需要""尊重的需要"以及"自我实现的需要"这几个部分。而现在，马斯洛再加上了一个"Z 理论"，这部分叫作"自我超越"。可惜他隔年就过世了，因此对于这方面未能提出完整的说明。

我们现在都知道，只强调"自我实现"的确是有所纰漏的，因为很难去界定"自我"的概念。譬如，一个运动员所认为的自我实现，可能是赢得世界比赛的金牌或奥运金牌，如此一来就是将自我界定在"身"这方面；而一个学生所认为的自我实现，可能是考上理想中的学校，如此一来则将自我界定在"心"这方面。这说明了，"自我"本身是一个很特别的概念，如果没有了解"自我"的开放性以及"自我认定"的理性状态，那么"自我"很容易被局限在眼前的现实目标上。

由此可知，有些人把"自我实现"想得太具体，有些人又把它想得太过抽象（譬如顶峰经验），因此我们不能只谈"自我实现"。马斯洛自己也了解这一点，所以最后才会提出"自我超越"的"Z理论"。一旦超越了"自我"这个层面，就会有无限宽广的天地。

（五）超个人心理学

从心理学看自我，最后会走到"超自我"的层面。最早期的行为主义心理学把人当作动物来看待。之后，慢慢调整，弗洛伊德的理论出现后，将人的层面深入到潜意识的部分，而接下来的学派，则是由下往上慢慢发展。到最后，弗兰克与马斯洛的理论展现出了"超个人心理学"意蕴。

超个人心理学，又称"超人本心理学""全人格心理学"。"人本"是"以人为本"，而超"人本"就是超越"以人为本"的情况，也就是不再以人为中心，而以宇宙为中心。这样我们的眼光就可以放大、放远，看到整个宇宙，而不是局限在人身上。

超个人心理学是在人本心理学基础上发展起来的，马斯洛原本在谈自我实现时，把人描述得非常好，但是最后却发现自我本身是不完美的。因此，他提出了自我超越的概念。马斯洛说："缺乏超越及超个人的层面，我们会生病，而变得残暴、空虚或无望、冷漠。"如果没有一种超越自我的境界或力量，人就会生病。这种病不是源自身体上的问题，纯粹是因为心灵上的空虚，导致身体变得软弱无力。因此，人除了有身、心方面的需求，还有灵这方面的高层需求。人本主义心理学只谈到生理、情绪、理性这三个层次，只有身（生理）、心（情绪、理性）。而超个人心理学等于在人本心理学上加入了"灵"这部分。灵也就是灵性，它使马斯洛原来所说的自我实现有了向上提升的可能性，达到自我超越。

灵可使人的潜能往高层发展。人有潜意识，一般受到弗洛伊德学派的影响，往往认为人的潜意识都是低层的，事实上，人的潜意识还有高层的。高层的潜意识是直觉、洞见、灵感、抱负、灵性、超群的动力之源。

比如，我们有时候可以靠直觉知道一个人是善良的；有时候一件事别人看不清楚，我们却有一望即知的洞见；有时候感觉自己有灵感；有时候感觉自己有抱负、有一种使命感。这些都是高层的潜能的表现。同样，人有自由意志，还有高层意志或普遍意志。高层意志使我们具有良知，它会引导我们去做某件事，如果我们不做，就要承受良知带来的压力。普遍意志使我们具有某种使命或天命时，恰好只有你可以做这件事，这件事可能对别人以及对这个社会造成很大影响。此外，灵性促使人思考终极关怀，终极关怀是一种不做其他考虑、不谈任何条件，愿意为了关怀对象而牺牲生命的关怀。一个人的生命是否有意义、有价值，就必须看他在灵性的层次是否有终极关怀。一个人如果有终极关怀，整个生命就会焕然一新，和一般人的作为完全不同。终极关怀属于"灵"的范畴，是一种高尚的人格和情操。

总之，超个人心理学从灵的层面提出自我超越学说，认为人的身心总是不完美的，必须通过自我超越进入灵，进而进入宇宙的层次。这样人的灵性生命就会发展起来，可以超越存在其中的这个有限实体的世界，进入广阔无垠的无限，然后达到一种心灵自由发展的境界。

二、哲学上看自我的人生走向

（一）中国哲学中自我的人生走向

1. 儒家的人生最高境界——仁

（1）仁的内涵。

"仁"从字面上看就是"二人"，指人与人相处之道。"仁"有体、相、用。"仁"的体是指"仁"的本体，相是指人的行为，用是指发挥的作用。对个人来说，要处于"仁"的本体，就是如何自处自立，对人与人之间来说，要处于"仁"的相和用，就是如何处人。

① "仁"的体。

子曰："里仁为美。择不处仁，焉得知？"（《论语·里仁》）

孔子说："真正的学问，要以仁为标准，达到仁的境界，这是最美的。如果我们的学问、修养，没有达到处在仁的境界，怎么能算是智慧的成就呢？"

"里仁为美"指我们的学问安顿的处所要以"仁"为标准，达到"仁"的境界，也就是学问到了真善美的境界。"择不处仁"的意思是说我们的学问、修养没有达到处在仁的境界，不算是智慧的成就。这是第一原则。

子曰："不仁者，不可以久处约，不可以长处乐；仁者安仁，知者利仁。"（《论语·里仁》）

孔子说："一个人没有达到仁的境界，就不能长处在简朴的环境中，也就不能长处于乐的境界。人的学问修养只有到了仁的境界，才能不改其乐，不失气节，富贵不淫，安贫乐道；有了真正智慧的人，就会择善固守，安身立命。"

孔子说假使没有达到仁的境界，不仁的人，"不可以久处约"，约不是指订立一个契约，约的意思和俭一样。这句话就是说没有达到仁的境界的人，不能长期处在简朴的环境中。所以人的学问修养，到了仁的境界，才能像孔子最得意的学生颜回一样：一箪食，一瓢饮，可以不改其乐，不失其节。换句话来说，不能安处困境，也不能长处于乐境。没有真正修养的人，不但失意忘形，得意也会忘形。功成名就的时候忘形了，这就是没有仁，没有中心思想。假如处在贫穷困苦的环境就忘了形，也是没有真正达到仁的境界。安贫乐道与富贵不淫都是很不容易的事，所以说"知者利仁"。如果真有智慧、修养到达仁的境界，无论处于贫或富、得意或失意，都会乐天知命、安之若素的。

②"仁"的用。

子曰："唯仁者，能好人，能恶人。"（《论语·里仁》）

孔子说："只有真正到达仁的修养的人，才能真正懂得如何'爱人'，也才能真正懂得如何'恶'人。"

这里孔子说有"仁"的修养的人，是真能够爱人，也真能够讨厌人。但是孔子真正的意思不是叫人们去讨厌人，而是去转化人。

子曰："苟志于仁矣，无恶也。"（《论语·里仁》）

孔子说："如果一个人真有了仁的修养，就不会特别讨厌任何人了。"

一个人真有了仁的修养，就不会特别讨厌别人了，好比一个大宗教的教主，对好人固然要去爱他，对坏人也要设法改变他、感化他，最好也使他进天堂，这样才算对。所以说一个真正忠于仁的人，看天下没有一个人是可恶的，对好人爱护，对坏人也要怜悯他、感化他。

子曰："富与贵，是人之所欲也；不以其道得之，不处也。贫与贱，是人之所恶也；不以其道得之，不去也。君子去仁，恶乎成名？君子无终食之间违仁，造次必于是，颠沛必于是。"（《论语·里仁》）

孔子说："富贵功名，这是人人都向往的，如果不是凭借正当的方式获得，是不应该要的；贫穷卑贱，这是人人都厌恶的，如果不是凭借正当的方式所得，就不应该靠这种方式来摆脱贫贱。君子如果没有仁的修养，没有中心思想，又怎么称作君子呢？君子即使是一顿饭的时间也不会违背仁慈。任何人、任何事业成功都要靠仁的修养，遇到了困难挫折也要靠仁的修养，这样才能安然处之。"

孔子说，富与贵，每个人都喜欢，都想要富贵功名，有前途，做事得意，有好的职位，但如果不是正规得来则不要。相反地，贫与贱，是人人讨厌的，即使有仁道修养的人，对贫贱仍旧是不喜欢的。可是要以正规的方式上进，慢慢脱离贫贱，而不应该走歪路。接着他讲："君子去仁，恶乎成名？"他说一个人去了"仁"字，就没有中心思想。即使其他方面有成就，如文学高的，不过是风流才子而已，知识渊博的不过是一个人才而已。所以君子没有"仁"这个境界，就没有中心思想，没有中心思想，靠什么成名呢？所以做学问的人，"无终食之间违仁"，就是说没有在一顿饭那样短的时间违背仁的境界。"造次必于是，颠沛必于是。"造就是创造、作为，次指的就是这个情况。这句话是说任何事业的成功都靠仁；倒霉的时候不颓丧，不感觉到环境的压迫，也靠这"仁"的修养安然处之。换句话来说，得意的时候，要倚仗仁而成功，失败了，也要依靠"仁"而安稳。

③保持一颗仁心——"仁"的体用。

子曰："我未见好仁者，恶不仁者。好仁者，无以尚之；恶不仁者，其为仁矣，不使不仁者加乎其身。有能一日用其力于仁矣乎？我未见力不足者。盖有之矣，我未之见也！"（《论语·里仁》）

孔子说："我没有看过一个真正喜欢仁的人讨厌不仁的人。一个真正行仁道的人，他的修养是无可超越的。讨厌不仁的人这种事情，作为一个具有仁德修养的人，是不会在他的身上发生的。在一天当中，能尽心尽力做人处世，完全达到仁的境界，有这样的人吗？我没有见过力量不足而做不到的。也许有力量不足而达不到的，但我从来没有看到这种情形。"

孔子说，"我"没有看过一个真正喜欢仁的人，讨厌那个不仁的人，看不起那个不仁的人。拿我们现在的观念来看，他是说"我"没有看到一个真正爱好道德的人，讨厌一个不道德的人。为什么呢？一个爱好道德的人，当然他的修养几乎无人可以比拟的；可是，他如果讨厌不仁的人，看不起不仁的人，那他还不能说是个仁者。"不使不仁者加乎其身"，意思是，一个仁者，看到一个不仁者，应该同情他、怜悯他，想办法把他改变过来，这是真正仁者的用心。我们讲道德，别人不讲道德，我们就非常讨厌他，那么我们是同样以"不仁"的心理对付人家，我们这个"仁"还是不彻底。这是孔子的忠恕之道，也是推己及人的写照。我觉得冷了，想到别人也怕冷，要别人快去加衣服，想到自己，就联想到别人。假如我自己"仁"，看到别人不仁就讨厌，那我也是"不仁"。

下面接着讲"仁"的用："有能一日用其力于仁矣乎？"这是孔子假设的话。意思是说，仁是一种很难的修养，人本来有爱人之心。就像一个婴儿，同情人家的时候多，后来逐渐长大了，心里厌恶也增大，仁心就不能够发挥。所以说"仁"是人人可以做到的，但几乎没有人能在一天当中用心处世，完全合乎仁道。假使有，那么其仁的修养必然很高超。只要立志，没有说因为力量小而达不到"仁"的境界。但是孔子又补充一句，也许有力量不足达不到的，但"我"从来没有看到这种情形。

以上谈了"仁"的体和用。"仁"的体到底是什么？我们从孔子的这句话来理解。

子曰："朝闻道，夕死可矣！"（《论语·里仁》）

孔子说："一个人如果真正得了道，纵然早晨得了道，晚上死去也是值得的，也算是不枉活了。"

孔子的真正学问精神是讲"仁"，他的根基在于"道"。所谓："志于道，据于德，依于仁，游于艺。"（《论语·述而》）这是孔子学问的四大原则。这里的道可以说是"仁之体"，"仁"是道之用。

（2）儒家的人生实践。

儒家的代表人物孔子的一生有如一条上升的弧线，指向无限而圆满的境界。他说："吾十有五而志于学，三十而立，四十而不惑，五十而知天命，六十而耳顺，七十而从心所欲，不逾矩。"（《论语·为政》）

孔子15岁立志求学，代表他的自我开始发展。30岁懂得各种立身处世的原则，能够使其在社会上立足。40岁不惑，不惑是对于人间一切事理皆了然于心，明白因果关系，也知道痛苦与罪恶在人间难以避免，以及怎样才是合理的因应态度。50岁知天命。所谓"天命"，是指天之所命，那么何以知道天在下令？他必须辨明：当人体察内心有一种使命感时，此一使命来自何处？如果不是来自社会人群，也不是来自自己的一厢情愿，那么就有可能是天命了。"天命"就是知道目标何在的人。孔子在当时是最卓越的知识分子，在50岁时自认为"知天命"，就是相信自己的"命运"已经转化为"使命"，并相信是上天赋予的。若非如此，他何以以"老者安之，朋友信之，少者怀之"（《论语·公冶长》）为毕生志向？这是古代天子的职责呀！不仅如此，从"人性向善论"立场来看，孔子肯定人人皆有"天命"，就是觉察内在的向善力量，再择善而走向至善。在"知天命"之后，接着是"畏天命"，亦即以敬畏之心奉行天命。60岁顺天命，能够把所知的天命内容加以实践。孔子从 51 岁起，先是从政为官，后则周游列国，所做无非"顺天命"；他最后两度遭遇生命危机时，毫不犹豫地宣誓他的信念。他说："天生德于予，桓魋其如予何？"（《论语·述而》）又说："天之未丧斯文也，匡人其如予何？"（《论语·子罕》）这种信念清楚地显示他认定自己的所作所为是"顺天命"。

70 岁能够做到"从心所欲，不逾矩"，代表他的生命已经进入一种化解的层次，也就是已经成功地进行了全方位的发展。这里的"矩"是指包括礼与法之类的规范，在古人眼中，其来源是"天"，如《左传·文公十五年》说："礼以顺天，天之道也。"孔子在从心所欲时，皆不违背天所要求的规范，这是"天人合德"的具体表现。再从孔子的自述来看："其为人也，发愤忘食，乐以忘忧，不知老之将至云尔。"（《论语·述而》）孔子是"乐天"的。

从孔子的人生发展方向来看，孔子所示范的是：知天、畏天、顺天、乐天。这是一套开放的人文主义，它在肯定人的尊严的同时，也不忘提醒人无限开发其上升潜能，直到止于至善，亦即天人合德之境。

孔子的生命历程给我们指出了生命的终极关怀，对天（超越界）无限信仰，人可以化解穷达顺逆的困扰，并且无惧于死亡的威胁，怀着希望继续走在人生正途上，由命运到使命，达到至善的境界，也就是"仁"的境界。

（3）儒家的伦理价值观。

儒家有一套完整的伦理价值观，围绕着"自我"的生命而展开。自我在生命的不同阶段，会选择不同的价值。所谓不同阶段，大致有三：一是以自我为中心，顺着本能的需要，表现为生存与发展；二是注意自我与他人互动，讲究礼法与情义；三是超验自我，走向无私与至善。儒家肯定三个阶段，强调由下往上的提升。

①自我中心阶段：生存与发展。

承认人的生存本能，满足其基本的生存条件。

如《礼记》中"饮食男女，人之大欲存焉"；《孟子》中"食色，性也"。这些都是本能的需要。颜回再怎么清苦，也需要"一箪食，一瓢饮，在陋巷"。

如果仅仅停留在物欲上，难免会堕落。圣人与一般人的差别在于："谋道不谋食，忧道不忧贫。"（《论语·卫灵公》）

道就是价值上不断向上提升的过程。如孟子所说："饱食暖衣，逸居而无教，则近于禽兽。"（《孟子·滕文公上》）人如果吃饱穿暖，每天安逸生活而没有接受教育的话，就与动物相差不远，所以人之所以为人的关键在于"教"。教的第一步在于有关"发展"的原则。

所谓"发展"，是指个人在社会上的成就。富贵可以作为代表，孔子曰："富与贵，是人之所欲也。"相对于此，"贫与贱，是人之所恶也"。他说："富而可求也，虽执鞭之士，吾亦为之。如不可求，从吾所好。"（《论语·述而》）意思是：财富如果可以求得，就算在市场担任守门人，我也去做；如果无法以正当手段求得，那么还是追随我爱好的理想吧。又曰："邦无道，富且贵焉，耻也。"（《论语·泰伯》）国家无道，富贵也不是我要求的。

然而有道与无道的判断标准是什么？在客观上不易认定，譬如孔子和孟子都曾周游列国，求为可用，但最后都难免于失败与失望。因此，他们思考的焦点回到自己身上，提出"见利思义""见得思义"的原则，强调个人的处世态度必须坚定，由此做出价值判断。如"君子喻于义，小人喻于利"，意思是君子能够领悟的是道义，小人能够领悟的是利益。"君子怀德，小人怀土；君子怀刑，小人怀惠。"（《论语·里仁》）小人是凡民，所关心的是"利、土、惠"（利益、产业、利润），这些是个人所得；君子是上进之人，注意"义、德、刑"。在此，"刑"可以理解为下一阶段所谓的"礼法"（规范），而"义、德"则属于"情义"的范畴。

②人我互动阶段：礼法与情义。

人与人互动时，不能没有行为规范。最基本的要求是"法"，较高尚的安排是"礼"。儒家兼顾二者。孟子曰："徒善不足以为政，徒法不足以自行。"（《孟子·离娄上》）他认为善和法是相辅相成的。孔子则重礼而轻法，"道之以政，齐之以刑，民免而无耻；道之以德，齐之以礼，有耻且格"（《论语·为政》）。意思是以政令来教导，以刑罚来管束，百姓免于罪过但是不知羞耻；以德行来教化，以礼制来约束，百姓知道羞耻还能走上正道。就是要礼与法并重，这是教育的初步内容。

孔子曰："不学礼，无以立。"（《论语·季氏》）立身处世，不能不知礼。

孔子曰："益者三乐，损者三乐。乐节礼乐，乐道人之善，乐多贤友，益矣。乐骄乐，乐佚游，乐宴乐，损矣。"（《论语·季氏》）三种快乐有益，三种快乐有害。乐以得到礼乐的调节为乐，以述说别人的优点为乐，以结交许多良友为乐，那是有益的。以骄傲自满为乐，以纵情游荡为乐，以饮食欢聚为乐，那是有害的。孔子以"节礼乐"为首，他认为："克己复礼为仁"，做到"非礼勿视，非礼勿听，非礼勿言，非礼勿动"（《论语·颜渊》)。如果少了礼的节制，将出现后遗症。

孔子曰："恭而无礼则劳，慎而无礼则葸，勇而无礼则乱，直而无礼则绞。"(《论语·泰伯》)一味谦恭而没有礼的节制，就会疲于劳倦；一味谨慎而没有礼的节制，就会显得畏缩；只知道勇敢行事而没有礼的节制，就会制造乱局；只知直言无隐而没有礼的节制，就会尖刻伤人。

但是，礼不只是典礼仪式或教条形式而已，它必须植根于一个人内心的情感，亦即"仁"。"仁"是自觉与感通，自觉是指人自觉为道德实践的主体，可以抉择而且必须为自己的抉择后果负责；感通是指人体认自我与他人之间有密切而对等的关系，由此开展情与义。

这个层次的特征是要求自己与尊重别人，从而促进人际关系安定和谐。

孔子曰："言忠信，行笃敬，虽蛮貊之邦，行矣。"(《论语·卫灵公》)又曰："居处恭，执事敬，与人忠。虽之夷狄，不可弃也。"(《论语·子路》)第一句指说话真诚而守信，做事踏实而认真，即使到了南蛮、北狄这些外邦，也可以行得通。第二句指平时态度庄重，工作认真负责，与人真诚交往，即使到了偏远落后的地区，也不能没有这几种德行。子夏(孔子的学生)曰："君子敬而无失，与人恭而有礼，四海之内，皆兄弟也。"(《论语·颜渊》)君子只要严肃认真对待所做的事情，不出差错，对人恭敬而合乎于礼的规定，那么，天下人就都是自己的兄弟了。可见，礼法与情义是人类社会普遍认同的价值。但情义高于礼法，情义出于人性，是礼法的内在依据。子曰："君子义以为上。"(《论语·阳货》)又曰："君子义以为质，礼以行之，孙以出之，信以成之。"(《论语·卫灵公》)意思是君子以道义为内心坚持的原则，然后以合礼的方式去实践，用谦逊的言辞说出来，再以诚信的态度去完成。这个"义"兼指内在自觉该做之事及外在合宜的行为方式。《大学》有云："为人君，止于仁；为人臣，止于敬；为人子，止于孝；为人父，止于慈；与国人交，止于信。"(《大学》第三章)每一种角色都有预定要达成的目标。情义因角色不同而有不同要求，所以，首要原则是"恕"，不但"己所不欲，勿施于人"，还要推己及人，处处设想人我之间的关系应该如何处置。

③超越自我阶段：无私与至善。

孔子曰："老者安之，朋友信之，少者怀之。"(《论语·公冶长》)孔子说："使老年人都得到赡养，使朋友们都互相信赖，使青少年都得到照顾。"孔子希望以无私的努力为过程，达到至善的效果，就是天下大同。

孟子曰："禹思天下有溺者，由己溺之也；稷思天下有饥者，由己饥之也。"(《孟子·离娄下》)又曰："乐以天下，忧以天下，然而不王者，未之有也。"(《孟子·梁惠王下》)这两句话的意思是：禹负责治水，稷负责农耕，他们二人想到天下有人溺水或挨饿，就好像是自己在害人似的。他们把别人的挨饿和溺水当成自己在挨饿与溺水，因此能以天下人之乐为自己的乐，以天下人之忧为自己的忧，这样的人还不称王天下，那是不可能的事。

圣王的无私为善是有目共睹的。以舜为例，孟子曰："大舜有大焉，善与人同，舍己从人，乐取于人以为善。""故君子莫大乎与人为善。"(《孟子·公孙丑上》)孟子说："舜比禹更伟大，他能善与人同，舍己从人，与人为善。他曾在历山耕过田，在河滨烧过窑，又在雷泽捕过鱼。他做过农民、陶工、渔夫，十分虚心地吸收别人的长处来提高自己。""君子最高的德行莫过于与人为善。"

但是，要从无私抵达至善，却是不容易的挑战。孔子曰："尧舜其犹病诸。"(《论语·雍也》)意思是：连尧舜都觉得有遗憾的事。可以说，无私是至善的过程，至善是无私的目标；然而，人生在世总是可以日新其德，因而也不可能真正止于至善。至善之境是如何呢？它的特色是：不再局限于人的世界，而是把天地万物连贯为一个整体。

孟子曰："夫君子所过者化，所存者神，上下与天地同流。"(《孟子·尽心上》)又曰："其为气也，至大至刚，以直养而无害，则塞于天地之间。"(《孟子·公孙丑上》)孟子说："'君子'，已是圣人境界。他经过之处，人们受到感化；他停留之处，所起的作用更是神秘莫测；他上与天、下与地同时运转，充满无穷的生命力。"又说："这种气，最伟大，也最刚强，用正义去培养它，一点也不加以阻碍，就会充满上下四方，无所不在。"这是孟子所说的浩然之气。

《易传》说："夫大人者，与天地合其德，与日月合其明，与四时合其序，与鬼神合其吉凶，先天而天弗违，后天而奉天时。"意思是：完美人格的大人，他的美德可配天地，贤明可比日月，政教法令如四时有序，察知吉凶有如鬼神，在征兆之前先采取行动，而能与天道配合，在秉承天道之后采取行动而能顺天时。

《中庸》说："致中和，天地位焉，万物育焉。"又曰："唯天下至诚，为能尽其性"，接着是"尽人之性""尽物之性""赞天地之化育""与天地参"。

如果人人都做到适中与和谐，天地就会安居其位，万物也将繁荣滋长。然后，只有天下真诚至极的人，才能充分发挥他的本性潜能，由此再让众人充分发挥其本性潜能，然后让万物也充分发挥其本性潜能，最后可以有助于天地的化育，并与天地共襄盛举，鼎足而三。

这一系列描述显示了儒家"天人合德"的观念，彰显了儒家的价值观。但是儒家不仅仅有人文主义道德价值观，而且具有超越界。

孟子曰："可欲之谓善，有诸己之谓信，充实之谓美，充实而有光辉之谓大，大而化之之谓圣，圣而不可知之之谓神。"（《孟子·尽心下》）意思是：人心所欲求的，称作善；善在自身得以实现的，称作真；充分实现善而无任何缺失的，称作美；充分实现善并且彰显光辉的，称作大；光辉照人又能化民成俗的，称作圣；由圣再到无法思议的境界的，称作神。"圣"代表无私与至善，"神"就是"不可知之"了。儒家的价值观从生存出发，一路上升到不可知之的妙境，指出人无限上升的可能性。

（4）儒家的修养方法。

①古人的心灵生活指南——《大学》。

《大学》和《中庸》，原本都是《礼记》中的单篇文章。按照学界的看法，《大学》的基本思想出自孔子，后经其弟子曾参发挥、阐释而成文。在宋朝以前，《大学》《中庸》虽然也经常被抽出来专篇刊行，但还没有与《论语》《孟子》合称"四书"。

南宋淳熙年间，朱熹把《大学》《中庸》从《礼记》中抽出来，与《论语》《孟子》合编，加以注释，称为《四书集注》。从此，"四书"之名遂定，并成为儒家传道授业的基本教材。明朝初年，官方又将"四书"与《诗经》《尚书》《礼记》《周易》《春秋》并称为"四书五经"，作为开科取士的考试大纲和出题范围，此后便成了天下士子的必读书。

"四书五经"最初是作为人的心灵生活指南，但到了明代之后，变成了换取功名的手段，成了入仕为官的敲门砖，而原本自觉自愿的精神追求，也变成了强制性的填鸭式教育。随着清末科举制度的终结和民国时期新文化运动的勃然兴起，"四书五经"也作为封建礼教的同义词而被扫进了历史的垃圾堆，并逐渐淡出中国人的视野。

站在今天的角度来看，"四书五经"固然有不合时宜的思想糟粕，但同时也蕴含着很多亘古不变的精神价值。尤其"四书"，更是包含了极大的人生智慧，绝不会因为时代的变迁而丧失其观照心灵的价值。

而《大学》一书，就是"四书"的入门读物。不读《大学》，就无法让孔孟的思想和精神真正落实到自己的生命中。

朱熹传承"二程"的思想，最为尊崇《大学》。程颐认为，《大学》是"初学入德之门"，读此书"可见古人为学次第"；朱熹也认为："大学"者，大人之学也。"在朱熹看来，《大学》就是"为学纲目"，如果把儒家的修学看成盖房子，那么《大学》就是这座房子的"间架"。朱熹认为通得了《大学》，去看他经，方见得此是格物致知事，此是正心诚意事，此是修身事，此是齐家、治国、平天下事。同样，王阳明接引学人，也首重《大学》《中庸》，认为必借《大学》《中庸》首章以指示圣学之全功，使知从入之路。王阳明晚年还专门写了一篇《〈大学〉问》，以阐明《大学》精神及其与心学的关系。

历代大儒之所以如此推崇《大学》，就在于它为所有儒家学人指示了明确的人生方向和修学次第，亦即后代儒者总结的"三纲领""八条目"。

《大学》开宗明义就说：

> 大学之道，在明明德，在亲民，在止于至善。知止而后有定，定而后能静，静而后能安，安而后能虑，虑而后能得。物有本末，事有终始。知所先后，则近道矣。
>
> 古之欲明明德于天下者，先治其国；欲治其国者，先齐其家；欲齐其家者，先修其身；欲修其身者，先正其心；欲正其心者，先诚其意；欲诚其意者，先致其知；致知在格物。物格而后知至，知至而后意诚，意诚而后心正，心正而后身修，身修而后家齐，家齐而后国治，国治而后天下平。

所谓"三纲领"，就是"明明德、亲民、止于至善"。

所谓"八条目"，就是"格物、致知、诚意、正心、修身、齐家、治国、平天下"。

所谓"六个步骤"，就是"止、定、静、安、虑、得"。

下面，我们先来看看"三纲领"的意思。

"明明德"，就是彰显人人本有的光明德性；用王阳明的话说，明德就是心之本体，心之本体就是仁，就是良知，而仁与良知的具体表现就是"以天地万物为一体"，所以明明德其实就是致良知。

"亲民"，按朱熹的解释，"亲"当为"新"，即"新民"，就是使人人都能去除污染，日日自新；而王阳明的理解与朱熹不同，他认为不需要把"亲"解释为"新"，应该按照原文来解释："亲民"就是"亲吾之父，以及人之父，以及天下人之父"，"亲吾之兄，以及人之兄，以及天下人之兄"（《〈大学〉问》）。其实就是孟子所讲的"老吾老，以及人之老；幼吾幼，以及人之幼"（《孟子·梁惠王上》），亦即视人犹己，把天下人都当成自己的骨肉至亲。

"止于至善"，就是使自己和所有人共同达到至善的境界；所谓至善，就是王阳明经常讲的"以天地万物为一体"。

而要达到"三纲领"所揭示的上述境界，就要通过"八条目"所提供的具体方法和步骤。

不难看出，从"格物"到"平天下"，有一条很明显的由浅及深、由己及人、由近及远、由小及大的脉络和轨迹，所以"八条目"才会成为历代儒家学人的修学次第。

既然是次第，那当然得一步一步来。也就是说，你不可能在毫无"修身"功夫的情况下，一上来就想"齐家、治国、平天下"。在"八条目"中，"格物、致知、诚意、正心"就是修身的内容，而"齐家、治国、平天下"则是修身的目的。对儒家学人来讲，修身是一切的根本，正所谓"自天子以至于庶人，壹是皆以修身为本"。

②理学与心学在修身上的分歧。

修身的入手处，就是格物。没有格物，后面一切免谈。仅从这一点来说，王阳明与朱熹是没有异议的。然而，尽管他们都认为修行的入手处是格物，可对"格物"一词究竟该怎么理解，二人却产生了根本的分歧。程朱理学认为，理在万事万物中，所以"格物"的意思就是要把万事万物中的理一一研究透彻，即所谓"格物穷理"。而王阳明年轻时听信程朱之言，花了七天七夜去格竹子，结果什么理都没格出来，反而把自己格倒了。后来经由"龙场悟道"，王阳明才大悟"心即理"之旨——始知圣人之道，吾性自足，向之求理于事物者，误也！

既然理不在物而在心，那么"格物"当然就不能到外面去格，而是要在自己的心上下功夫了。所以，阳明对"格物"的解释就是："格者，正也，正其不正，以归于正之谓也"，"物者，事也，凡意之所发必有其事，意所在之事谓之物"。(《〈大学〉问》)

简单来说，王阳明的格物，其实就是"格心中之物"，也就是把我们心中种种错误的、不良的欲望、情绪、观念、意识、思想等全都改正过来。故"'格物'者，格其心之物也，格其意之物也，格其知之物也"(《传习录(卷中)》)。

由于王阳明与朱熹对格物的理解截然不同，所以接下来的修行方法和步骤也就有所不同。

在朱熹那里，"格物"就是要去研究和认识外在的万事万物，"致知"就是透彻掌握客观事物的理则(穷理)；而根据这个客观理则(天理)，你才能做诚意的功夫，亦即起心动念都要符合天理，绝不自欺；这样久久做去，才能慢慢去除不良的欲望、情绪、观念、意识、思想等，从而达到正心的目的。做到这一切，才叫修身。

所以对朱熹来讲，功夫必须是一步一步做的，绝对不能躐等，不能跳级。

而在王阳明这里，功夫既可以一步一步做，也可以打成一片一起做。因为格物就是"格心中之物"，所以一说到格物，其实就已经包含了致知、诚意和正心。同理，说致知、诚意和正心，也莫不同时包含了格物。

"盖其功夫条理虽有先后次序之可言，而其体之惟一，实无先后次序之可分。"（《〈大学〉问》）

能够悟到这一点，才不会纠结于修行功夫的次序问题，之所以纠结，就是因为没有办法把这些东西打成一片。

不过有必要指出的是，不管是朱熹循序渐进的方法，还是王阳明打成一片的方法，本身都没有对错，只是一个对机不对机的问题。也就是说，要看学生的根器如何。如果是钝根人，你硬要叫他打成一片，很可能会弄得他手忙脚乱、无所适从，最后什么也学不到；而如果是利根人，你强迫他一步一步来则很可能会耽误他、埋没他，甚至害他到老死都不能入道。

就像"北渐南顿"的禅宗一样，神秀主张"时时勤拂拭，勿使染尘埃"的渐悟法门，慧能则提倡"本来无一物，何处惹尘埃"的顿悟法门，二者其实也没什么高下对错之分，关键还是要看学人的根器。

正所谓"药无贵贱，愈病则良；法无高下，当机则妙"。任何修行法门都无所谓高下，只要对机，就是高妙的法门；任何药物也没有绝对的好坏，只要能治病，就是好药。

③诚意是一以贯之地修行"大头脑"。

《中庸》关于"诚"的论述：

"诚者，天之道也；诚之者，人之道也。诚者，不勉而中，不思而得，从容中道，圣人也。诚之者，择善而固执之者也。"

诚，就是天道，就是宇宙法则：在人生中努力实现诚，就是做人之道，就是为人处世的根本原则。天赋而诚的人，不必刻苦奋勉就能符合天道，不必殚精竭虑就能证得大道，并且可以自在从容地实践中庸之道，这就是圣人；而在人生中努力实现诚的人，则必须选择至善的道德并持之以恒地坚守和践行。

"诚者，自成也；而道，自道也。诚者，物之终始，不诚无物。是故君子诚之为贵。诚者，非自成己而已也，所以成物也。成己，仁也；成物，知也。性之德也，合外内之道也，故时措之宜也。”

诚，就是自我完善、自我实现、自我成就的意思；而道，就是自己引导自己、以自己为人生导师的意思。诚，贯穿宇宙万物的始终，没有诚就没有宇宙万物。所以君子最注重的就是在人生中努力实现诚。说到底，诚并不仅仅是自我完善、自我实现、自我成就，还要去成就万事万物，去帮助别人达成人格完善和自我实现。成就自己，是仁的表现；成就万物，是智慧的表现。人自性本具之德，是自我与他人、主体与客体、内心世界与外部世界的一体之道，不存在对立分别，所以从任何时候、任何地方开始修行都是可以的。

纵观《中庸》对“诚”的阐述，不难发现，在《中庸》的作者所建立的哲学体系中，“诚”就是宇宙本原，几乎与基督教的“上帝”、佛教的“真如”、伊斯兰教的“安拉”、道家的“道”、理学的“天理”、阳明心学的“良知”、《大学》的“明德”一样，在各自的思想体系中都具有至高无上的地位。

用今天的语言来说，“诚”也可以称为宇宙法则、宇宙能量、绝对精神、终极实在等。正因为“诚”在儒家哲学中具有如此崇高的地位和如此深广的内涵，所以对儒家来说，“诚意”当然就绝不仅仅是“不自欺”。毋宁说，“诚意”的意思，就是通过格物致知、为善去恶的功夫，彻底完善自己的人格，使自己的心灵与宇宙法则、宇宙能量、绝对精神、终极实在等最高本体建立了牢固的连接，并且与之息息相通，同频共振。

由于“诚意”被赋予了这样的内涵，儒家修行人特别强调要把握住“诚意”这个一以贯之的修行“大头脑”，这样格物致知、为善去恶的功夫自然就有力了；继而心得以正，身得以修，久久行之，“齐家、治国、平天下”也就是水到渠成的事了。

（5）儒家的教育风格。

①不学诗，无以言。

子曰：“小子，何莫学夫诗？诗，可以兴，可以观，可以群，可以怨。迩之事父，远之事君，多识于鸟兽草木之名。”（《论语·阳货》）

孔子说：“年轻人，你们为什么不学诗呢？诗，可以抒发自己的情感和意志；可以看出人的情绪和思想变化，提高人的观察能力；可以懂得人与人相处的道理，使人合群；可以疏导怨气，抒发心中的愤懑。从近处来说，有了艺术修养，对待事情有了乐观态度，就会懂得如何侍奉父母；从远处看，懂得了对待领导的道理，就能爱岗敬业，可以对国家社会有贡献。另外，了解一些鸟兽草木等这些大千世界的各种事物，就可以使自己的知识更渊博了。"

孔子在这里，讲学问修养必须要读诗，中国上古的文化不像西方那样把宗教放在那么重要的地位，中国上古文化注重诗的文学境界，它有宗教的情感，也具有哲学的情操。上古的诗，就包括了现在所讲的整个文艺在内，所以孔子告诉学生们，修养方面，要多注重一下文学的修养。我们翻开历史，中国古代的文臣武将都有基本的文学修养，从正史上看，关羽就是研究《春秋》学的专家；岳飞等人，学问都是非常好的，都有他们文学的境界。所以孔子说，你们年轻人，何不学诗？

诗"可以兴"，兴就是排遣情感，人的情感有时候很痛苦，人生有许多烦恼，有时对父母、妻、儿、朋友都无法说，如果自己有文学或艺术境界，可以写写诗，也能把怨气消去了，所以诗可以兴。这个兴是兴致，就是一切感情的发挥。

"可以观"，在诗当中可以得到很多道理，得到很多启发。看自己的诗，也可以看出自己的思想路线与情绪。看一个人的作品，大致上就可以断定作者的个性。"观"就是这个道理，可以从作品中了解人。

"可以群"，诗也可以让人合群，自己调整心境，朋友之间、社会之间，可以敬业乐群而不孤立，所谓以文会友是也。

"可以怨"，这很明显，有了文学的修养，可以发牢骚了，有时心里的苦没有办法发出来，闷在心里，慢慢变成病。脾气大的人，情绪不好的人，心里很多痛苦压制下去，往往得肝病或精神病，所以需要修养，可是修养并不是压制，而是自己疏导，不能疏导，人的牢骚往哪里发？会作诗就可以发牢骚了。有文学艺术修养，在文学艺术境界上可以把牢骚发泄掉。

"迩之事父"，近一点可以孝顺父母。怎样孝顺？有艺术修养，侍奉父母则有乐观态度，不致面有难色。

"远之事君"，远大一点，可以对国家社会有贡献。

最后一句话，因为喜欢在文学方面多研究，喜欢诗词，就"多识于鸟兽草木之名"。知识渊博了，等于学了现在的"博物"这一科，什么都知道了。孔子的时代，工具书是没有的，就靠一些诗才能够知道。所谓虫鱼鸟兽、人物等，资料难以收集。孔子当时之所以特别提倡学诗，也是为了获得各种各样的知识。这是孔子教学生们一定要学诗的道理。

②不学礼，无以立。

《左传》："礼者，天之经，地之义，人之行。"

《左传》说："礼是天经地义的，是人的行为规范。"

据学者的研究，礼来源于巫，由于巫术里面有神明，因此这些"礼"的规范不简单，是人间的法规，"礼者，天之经，地之义，人之行"。天经地义，是天地给人规定的。违反了礼，不仅是违反了人间的习俗、规矩、法规，更严重的是触犯了神明，那当然就要遭到各种灾难、惩罚，民间一直有不孝子孙要遭天打雷劈的说法。所以人的"行"（行为、活动、举止、言语、面容等）必须符合"礼"的规范，才能与神明、与天地合拍和沟通。所有这些，都恰恰保留了巫术的基本特征、基本精神，但是把它完全世俗化、理性化了，成了人间的一种神圣的秩序。

与许多民族从巫术走向宗教不同，中国从"巫"走向了"礼"，巫术中那些模糊、多元、不确定的神明变成了"礼"在履践中的神圣性，人的内心状态呈现出有如巫术、神明那样模糊、多元、不确定的"天道""天命"，使其在自身行为活动中充满神圣感、使命感、责任感，个体得到了肯定，所以"礼"具有了"自我肯定"的"积极性"。

荀子说："凡礼，事生，饰欢也；送死，饰哀也；祭祀，饰敬也；师旅，饰威也。"（《荀子·礼论》）。"饰"字很有深度，值得琢磨。"礼"是表示、传达情感，同时又是给情感以确定的形式而成为仪文典式。礼乃人文，仁乃人性，二者实为同时并进之历史成果，人性内容（仁）与人文仪式（礼）在缘起上本不可分割：人性情感必须放置于特定形式中才可能铸成造就，无此形式即无此情感，无此"饰"即无此"欢"、此"哀"、此"敬"、此"威"也。

据楼宇烈研究，中国古代有六个方面的根本礼：冠礼、婚礼、丧礼、祭礼、聘礼、乡射礼。

首先是冠礼，冠礼就是成年礼。男子二十岁就要戴帽子，女子十五岁就要及笄，及笄就是上头，在头上插上一个东西，这都属于冠礼。行冠礼就说明你成年了，成年了就要对自己、家庭、社会负责，举行这个仪式就是告诉你应该担负起一个成年人的责任，不能再像小孩子那样随便了。

第二个是婚礼，婚礼也是礼的一个重要内容。按照《礼记》的说法，婚礼是合二姓之好，就是把两个姓结合在一起，好延续子嗣。所谓延续子嗣就是延续人类，中国人的生命观念不是个体的生命观念，而是一个族类的生命观念。作为个体来讲，有生必有死，死了以后不会再生，不像佛教讲的那样有轮回。但是生命在延续，怎么延续呢？就在子女的身上延续。因为子女跟父母血脉相承，所以子女的生命就是父母生命的延续。中国人最重视这个，所谓"不孝有三，无后为大"，因为这是生命延续的问题，要不然生命就没有了，就断了。

第三个是丧礼，丧礼是非常重要的，《礼记》里也讲了它的意义。比如守丧要守三年，为什么？因为从父母生你下来到你能够相对独立地活动，要经过三年。你要报父母的养育之恩，就应该守丧三年。

第四个是祭礼，祭礼是祭天地日月和山川河流。从某种角度来讲，表明中国人有一种对自然神的崇拜，认为不管是天地日月、山川河流都有神，山有山神，河有河伯，等等。但从另外一个角度来说，这实际上也是一种报恩的思想。人生活在这个世界上，就靠这些东西来生存。所谓天生之，地养之，天地万物养育你，你该不该祭它？当然应该！

第五个是聘礼，或者叫朝聘礼，就是聘用人的礼节。这个礼，我们现在经常忽视，其实它是非常重要的。聘用一个人时，在他工作的部门里给他举行一个小小的仪式，其实就是告诉他，他的责任是什么。同时也告诉大家，这个人是来做什么的，大家才好去配合他、监督他。朝聘礼中其实也包括了解聘礼，解聘也需要以礼相待，不是说炒鱿鱼就完了，或者说退休了就结束了。现在很多学校为学生办的入学典礼、毕业典礼都属于朝聘礼这个范围，但是往往都弄得很草率、很简略。其实入学典礼、毕业典礼对很多学生来说都是一辈子难忘的，可学校这么简单就完事了，这就是不能做到以礼相待。

第六个是乡射礼，过去就是指一个村子里面，能够体现尊老爱幼这样一种文明风气的礼仪。

古代中国通过这些基本礼仪来规范人们的行为，协调人们之间的关系，使人们懂得如何做人、如何尊敬他人。

2. 道家的人生最高境界——道

（1）道的内涵。

①道，无名。

《道德经》的开篇之言："道可道，非常道；名可名，非常名。无名，天地之始；有名，万物之母。故常无欲，以观其妙；常有欲，以观其徼。此两者，同出而异名，同谓之玄。玄之又玄，众妙之门。"（《老子》第一章）

可以说出来的道，就不是那一成不变的永恒之道，可以用名去称谓，就不是恒常的名称。照这样解释，道和名都是指称谓、言说或指称。这是道、名的第一层意思。

"道"是可以进行论述和说明的，然而这里所要专门讨论的"道"是"非常道"。"名"是可以进行命名和称呼的，"无名"可以认为是天地的开始，"有名"可以认为是万物的来源。所以，可以用"常无欲"的方式去观察天地万物的"妙"，也就是"小"；可以用"常有欲"的方式去观察天地万物的"徼",也就是"大"。"常无欲"和"常有欲"或者说"小"和"大",其来源相同,但是名称不同。这个来源可以叫作"玄"。然而,"玄"之中还有"玄",这就是"众妙之门":所谓"众妙"就是造成天地万物的种种最微小的因素;所谓"门",是比喻这种种最微小的因素所必然经过的路径。

老子提出"道"这个概念作为自己的哲学思想体系的核心,它的含义博大精深,可从历史的角度来认识,也可从文学的方面去理解,还可从美学原理去探求,更应从哲学体系的辩证法去思考。

哲学家们在解释"道"这一范畴时并不完全一致,有的认为它是一种物质性的东西,是构成宇宙万物的元素;有的认为它是一种精神性的东西,同时也是产生宇宙万物的源泉。不过在"道"的解释中,学者们也有大致相同的认识,即认为它是运动变化的,而非僵化静止的;而且宇宙万物包括自然界、人类社会和人的思维等一切运动,都是遵循"道"的规律而发展变化的。老子说"道"产生了天地万物,但它不可以用语言来说明,而是非常深邃奥妙的,并不是可以轻而易举地加以领会,这需要一个从"无"到"有"的循序渐进的过程。

老子说:"有物混成,先天地生。寂兮廖兮,独立而不改,周行而不殆,可以为天地母。吾不知其名,强字之曰'道',强为之名曰'大'。大曰'逝',逝曰'远',远曰'反'。"(《老子》第二十五章)意思是说:有一种东西混沌一片,比天地更早存在。它独立运行在宇宙之中。它可以作为一切的本源,我不知道这东西的名字,勉强称之为"道",勉强形容的话,就是"大"。大又称为"逝",逝又称为"远",远又称为"反"。

道浑然一体,天地本源,先天地生,寂静空虚,独立存在,循环不息,勉强称之为"道";因为它无边无界,无所不在,勉强称它为"大"。"大"就运行不息,又称为"逝";"逝"就是延伸遥远,又称为"远";"远"就返回本源,又称为"反"。

可以说,道是一切的起始与归宿。道存于万物之中,永恒不变,宇宙万物从道生,最后归于道。

"道常无名,朴。虽小,天下莫能臣。侯王若能守之,万物将自宾。天地相合以降甘露,民莫之令而自均。始制有名,名亦既有,夫亦将知止,知止可以不殆。譬道之在天下,犹川谷之于江海。"(《老子》第三十二章)

"道永远无名,处于质朴的状态。它虽隐蔽,天下没有谁能够臣服它。侯王如果坚守它,万物将会自己宾服。天地阴阳相交合,就降下甘露,百姓没有谁命令它而自然均匀。万物出现后，就产生了各种名称，名称既然有了，也就知道各自的界限，知道界限可以没有危险。就譬如道对于天下的关系，好像江海对于川谷的关系一样。"

道，无名质朴，隐而无形，大而无边，阴阳交合就能普降甘露，没有偏私，均衡平等，这正是所谓的"天地不仁""圣人不仁""天道无亲"。而名则是万物出现之后产生的，名分一定，各归其类，有各自的界限，各守本分，就没有危险，这就如同天下归于大道，川谷流向江海一样。

②道法自然。

"人法地，地法天，天法道，道法自然。"（《老子》第二十五章）

道法自然，这里的"自然"是自然而然的自然，即"无状之状"的自然。人受制于地，地受制于天，天受制于规则，规则受制于其本身。比如，每一次的科技进步都让我们以为自己看清楚了这个世界，掌握了这个世界，是绝对的真理，然受制于自身，随着时间的推移，再迈一步的时候，又自嘲停留在某种固定的思维中几百年甚至上千年，从这里可以看出，老子的法的意识里就是自然法。

老子用了一气贯通的手法，将天、地、人乃至整个宇宙的生命规律精辟涵括、阐述出来。"道法自然"揭示了整个宇宙的特性，囊括了天地间所有事物的属性，宇宙天地间万事万物均效法或遵循"道"的"自然而然"规律，道以自己为法则。道法自然，意思是"道"所反映出来的规律是"自然而然"的。

老子认为，"道"虽是生长万物的，却是无目的、无意识的，它"生而不有，为而不恃，长而不宰"（《老子》第十章），即不把万物据为己有，不夸耀自己的功劳，不主宰和支配万物，而是听任万物自然而然发展着。

③道常无为。

"道生之，德畜之，物形之，势成之。是以万物莫不尊道而贵德。道之尊，德之贵，夫莫之命而常自然。故道生之，德畜之，长之育之，亭之毒之，养之覆之。生而不有，为而不恃，长而不宰，是谓玄德。"（《老子》第五十一章）

"道生成万物，德养育万物，万物呈现各种形状，具体环境使万物长成。因此万物没有不尊崇'道'并重视'德'的。道所以受尊崇，德所以被重视，就在于它们对万物不加干涉，从来都让万物顺其自然。所以，道生成万物，德畜养万物，使万物成长、发展，使万物成熟结果，对万物爱养、保护。生养了万物而不据为己有，推动了万物而不自恃有功，长养了万物而不自以为主宰，这就是无限深厚的德。"

"是以圣人处无为之事，行不言之教；万物作而弗始，生而弗有，为而弗恃，功成而弗居。夫唯弗居，是以不去。"（《老子》第二章）

"圣人用无为的方式处事，实行不言的教化；让万物自然生长而不首倡，生养万物而不占有，培育万物而不倚恃，功业成就而不居功。正因为不居功，因此他的功业不会泯没。"

因此，"处无为之事，行不言之教"，一切顺应自然的发展，而不加入自己的意志和私欲。

"以辅万物之自然而不敢为。"（《老子》第六十四章）

"辅"是"帮助"的意思。万物之自然，是万物受之于天的本性，是事物发展的趋势。"以辅万物之自然"，意思就是帮助万物按照自己的趋势去发展。不敢为，是不敢破坏自然规律，不会与万物为敌。

辅是帮助，万物之自然是万物之本性，这是不掺杂个人意志的。有点类似于儒家的"参赞天地之化育"，"辅万物之自然"是无为的、无欲的，它不带任何功利的色彩，是尊重万物的自然本性，而不是利用万物的本性。所以老子在后面加了四个字——"而不敢为"。

庄子说："天地与我并生，而万物与我为一。"（《庄子·齐物论》）中国人认为自然界有自己的规律，人们不应去干扰它、破坏它，正所谓"天地有大美而不言，四时有明法而不议，万物有成理而不说"（《庄子·知北游》）。大自然的智慧，是我们所不能窥测的，人们在自然面前，既不是屈膝畏惧，膜拜自然，也不是妄自尊大，役使自然，而是与之和谐共处，尊重自然，追求与自然的和谐共存。

"道常无为而无不为。侯王若能守之，万物将自化。化而欲作，吾将镇之以无名之朴。镇之以无名之朴，夫将不欲。不欲以静，天下将自正。"（《老子》第三十七章）

"道永远顺应自然不妄为，就能无所不为。侯王如果能够坚守它，万物将会自己成长变化。成长变化而私欲产生，我将用道的质朴来震慑它。用道的质朴来震慑，就不会产生私欲。不产生私欲而宁静，天下将自己归于正道。"这段话主要论述了君无为而民自化的道理。作为侯王，能够行大道，不妄为，顺应自然，万物不受干扰就会自己生长变化，无所不为。即使出现了个人私欲，也可以用质朴淳厚之风镇定引导。只要百姓没有私欲，回归天性，天下就会自己安定，形成"甘其食，美其服，安其居，乐其俗。邻国相望，鸡犬之声相闻，民至老死，不相往来"的理想社会。

④反者道之动，弱者道之用。

"反者道之动"，是道的运动变化。"道"的变化是什么呢？就是往相反的方向转换，就是我们常说的物极必反，《周易》里所谓的"否极泰来"的说法。"反"是道的根本特征。

道家的"动"也指相反相成。互相对立的两种事物，实际上谁也离不开谁，是相互依赖的，比如美与丑，有丑才有美，没有丑就没有美，相反的东西就是相成。互相对立的东西会在一定条件下发生转化，所谓时移世易。

"弱者道之用"，是道的运用。弱是"柔弱"。道的运用不是以暴烈强迫的方式进行，而是以自然柔和、润物无声为特征。道家非常强调以弱胜强，以弱治刚，或者以退为进。就像一根树枝，一根新生的树枝很柔软，就有韧性，就不容易折断；可是一根长得非常结实的树枝，一折就断了，所以木强则折，而柔弱的东西怎么折都没有关系，柔能胜刚。再比如水，水是最柔弱的，但是它能渗透到大地去，它无所不在，甚至可以到任何地方去。体现在做人方面，就是要谦虚、不争、处下，这样基础才能打得结实，才能建造更高的东西。表现出来的是弱，但是实际上内心是最坚强的，是有柔性、韧性的。韧性就是说可以适应各种不同的环境，有一种坚韧不拔的意义。

总之，回归是道的运动需要，柔弱是道的运用法则。

（2）道家的人生实践。

①老子三宝。

"我有三宝，持而保之。一曰慈，二曰俭，三曰不敢为天下先。"（《老子》第六十七章）

有道德的人所拥有的"宝"也绝对不是任何有形的东西，而只能是"道"。这里所列出的三"宝"其实是接近"道"的方法和途径。

第一种"宝"，叫慈爱。慈爱就是对宇宙里众生无差别的热爱。这种热爱是宇宙中最伟大的感情，能产生出宇宙里最伟大的动力，甘愿为众生奉献自己的一切，是牺牲小我而成就大我的不二法门。

第二种"宝"，叫克制。克制就是在明白应该做什么和不应该做什么的前提下，坚决不去做那些违反"道"的、不能做的事情。

第三种"宝"，叫"不敢为天下先"。不敢为天下先，就是"先天下之忧而忧，后天下之乐而乐"，就是"善利万物而不争，处众人之所恶"，就是自觉、自愿地去"处下""处后"，为了造就最后共同的大利。

"慈，故能勇；俭，故能广；不敢为天下先，故能成器长。"（《老子》第六十七章）

为什么这三个法则能够被称为"宝"呢？

第一，慈爱能够成就勇气。这种勇气不是指好勇斗狠那一类勇气，而是奋勇精进的勇气。成就任何世俗事业的途中都会遭遇很多的挫折与磨难，成就真正的大"道"所要面对的挫折与磨难比成就所有世俗事业的磨难总数还要多得多。这些挫折和磨难甚至是以千年、万年来计算的，甚至有时会让人失去生命，没有真正的勇气和建立在勇气基础上的信心和坚毅，怎么可能去完成这样宏大的追求？

只知道自私自利的人永远也到达不了这样的境界，自私自利本身就说明了他目光短浅而且心胸狭窄，他怎么能看得清什么才是真正对自己有利的事呢？他怎么能领会得到什么才是真正成就自己的事呢？

第二，克制能够成就广大。克制就是对自己的约束，佛家称为"持戒"。克制的根本意义在于把所有的力量用在真正应该用的地方上，不在不应该用的地方浪费。只有在正确的方向上聚集起足够的能量才能完成突破，提升自己，这样才能到达"广大"的境界。

一个不懂得约束、克制自己的人是不可能成就事业的。普通人在成就事业的时候也懂得权衡，暂时舍弃一些东西去成就更迫切的目标。而对于懂得"道"的人来说，他明白这种约束和克制是为了成就更高层次的自由和解脱。

第三，"不敢为天下先"能够成就领袖的地位。前面已经说过"处下"和"不争"的意义。"不敢为天下先"的核心意义就是"处下"和"不争"。有"道"的人最终要求得到的并不只是自己的解脱和自由，而是众生的解脱和自由。他是众生的导师，也必然是众生的领袖。这个导师和领袖地位的获得来自他始终全心全意地为众生的根本利益努力的行为。他永远把自己的利益考虑在最后，永远最先承担起可能要面临的灾难和祸患，所以才能成为众生的导师和领袖。

"今舍慈且勇，舍俭且广，舍后且先，死矣！"（《老子》第六十七章）

因此，"慈"是"勇"的基础，"俭"是"广"的基础，"后"是"先"的基础。从老子所在的那个时代一直到现代，都有那些只要后者而忽视前者的人：他们不讲慈爱而一味逞勇斗狠；不讲克制而只求高速发展、无度扩张；不讲谦逊退让而一味争先要强。那种本末倒置的行为就是在自取灭亡。这种无慈之勇、无俭之广、无后之先不但对自己有害，而且对整个社会都会造成很坏的影响。当"勇""广""先"脱离了它们存在的"道"的基础而逐渐演变为炫耀、争夺各种利益的工具后，"勇"变成好战和好杀，"广"变成掠夺和扩张，"先"变成征服和压迫，随之而来的也必然是整个社会的浮躁和道德的沦丧。

"夫慈，以战则胜，以守则固。天将救之，以慈卫之。"（《老子》第六十七章）

三"宝"之中，最根本的还是"慈"。慈爱永远是人类最伟大的力量，是最受上天赞美和佑护的。慈爱的力量可以击退一切来犯之敌。天要灭亡的，永远只是那些失"道"的国家，而不是弱国。为什么弱国、弱民族不会被灭亡？那是因为"天"在救它。"天"为什么要救它？因为那里有人类最宝贵的东西——慈爱。

②静的修养。

"致虚极，守静笃；万物并作，吾以观复。夫物芸芸，各复归其根。归根曰静，是谓复命。复命曰常，知常曰明。不知常，妄作凶。知常容，容乃公，公乃全，全乃天，天乃道，道乃久，没身不殆。"（《老子》第十六章）

"尽力使心灵的虚寂达到极点，坚持彻底的清静无为。万物都一齐蓬勃生长，我从而考察其往复的道理。那万物纷纷芸芸，各自返回它的本根。返回到它的本根就叫作清静，清静就叫作复归于生命。复归于生命就叫'常'（永恒不变的规律），认识了常就叫作'明'，不认识把握'常'，就会轻妄举止，干出凶险之事。认识把握'常'就能包容，能够包容就能公正，能够公正就能周全，周全才能符合自然的'道'，符合自然的道才能长久，终身不会遭到危险。"

"致虚"就是空虚其心，排除一切蒙蔽心灵的私念；"守静"就是坚守清静，顺应自然，绝不妄为，二者互为因果。这是道的法则，也是修身的要义。所谓"复"，就是道的循环往复，周而复始，回归根本，即虚静之境，天地万物的本始。道的运行如此，人的行动亦应如此：不循道则凶险，循道则安全。

所以，老子强调"致虚""守静"，也就是致虚守静的功夫。他主张人们应当用虚寂沉静的方式，去面对宇宙万物的运动变化。在他看来，万事万物的发展变化都有其自身的规律，从生长到死亡、再生长到再死亡，生生不息，循环往复以至于无穷，都遵循着这个运动规律。老子希望人们能够了解、认识这个规律，并且把它应用到社会生活之中。在这里，他提出"归根""复命"的概念，主张回归到一切存在的根源，这里是完全虚静的状态，这是一切存在的本性。

3. 佛教的人生最高境界——空，亦涅槃

（1）空。

万物缘起缘落。现象世界里没有恒常性和真实性，万物因缘聚合而成，因缘聚了就有，因缘散了就没有，它们是无常的。无常就是说一切现象世界都是刹那生灭的。"刹那"是梵语里表示最短时间单位的一个词，所谓刹那生灭就是很短暂的过程。再回头看，一切的事情、一切现象世界其实都是在不断刹那生灭的过程中轮回。所以现象世界是没有恒常性的。现象世界中的一切事物，没有一个是不死的，都有生老病死、成住坏空的过程。

既然一切事物都是因缘聚合而成，那么对于某个事物来说，无非就是这些因缘而已，并不具备真正的真实性，用佛教的话说，就是无我。所以一切现象世界的真实面貌就是无常、无我，也就是不真、无常、无我。

"不真"的意思就是佛教讲的"空"。"空"这个概念是在不真实的意义上来讲的，但也不是把现象世界的这种暂存的状态或我们叫作虚幻的状态彻底地否定掉。

讲"空"的时候不能脱离它所对应的那个现象的"有"，讲"现象"的"有"也不能脱离了其本质的"空"。现象的假"有"跟它本性的真"空"是联系在一起的，既不能用本性的真"空"来否定现象的假"有"，也不能用现象的假"有"来否定它本性的真"空"。如果只讲本性的"空"而不讲现象的"有"，这是一种偏执；反过来，只讲现象的"有"而不讲本性的"空"，也是一种偏执。

佛教认为万物既非有也非无，万物皆有，万物皆无或空都属偏颇之见。其真谛是：事物非"有"、"非无"、非"非有"、非"非无"。

当一切都被否定，包括先前的否定时，人便会发现自己处于庄子哲学中那种地位：一切都被忘记，包括"忘记一切"这一点也被忘记。这便是"空"，与"无"合为一体便是佛家说的"涅槃"。

（2）涅槃。

佛教认为人们由于贪、嗔、痴（佛教称为"三毒"）而无法从生死轮回中解脱出来。在前世业力支配下，人生充满了痛苦，生离死别、颠倒妄想时时刻刻都在折磨着人们。如何才能从痛苦的永恒轮回中解脱出来？佛教认为痛苦的根源在于"意志"，"意志"的根源在于"无知"。如果我们能够将一切人的贪欲、憎恨和欲望统统消除，如果我们的心思不再总是系于那些短暂易逝的感官世界的对象，如果我们能够成为明智的大彻大悟者，那么，我们或许就有可能打破这个往复循环并从中彻底解脱出来。

如何才能成为一个这样的人呢？显然不存在"永恒的幸福"或其他什么具有积极意义的幸福状态。因为既不存在永恒的灵魂，也不存在天堂和地狱。获得解脱的途径是什么呢？就是涅槃。涅槃的原意是火熄灭后被风吹散的状态，即虚无。对佛陀自己来说，涅槃就是一切个人欲念的断灭，并从轮回转世的束缚中解脱出来，也就是永恒的安宁。在晚期的佛教教义中，涅槃也被看作一种——有时在此世即可实现，有时又被推迟到来世才能实现的——极乐状态。可以说，涅槃是一种无法用言语和概念表达的东西，是无法言说的，只能通过体会和沉思去领悟它的奥秘。

（3）佛教的人生实践。

①认识"四圣谛"，修炼内心。

为什么人生的痛苦总是轮回流转？有没有解脱的办法？佛陀经过日夜不停地苦思冥想，他终于得出一种简洁的表达形式，这就是后来成为佛教学说基础的"四圣谛"。"谛"的意思是神圣的真理。四圣谛分别是：苦谛、集谛、灭谛、道谛。

苦谛：三界生死轮回的苦恼。一切事物都是变化无常的，它们从一产生就处在逐渐消亡的过程中。没有事物是永存的，甚至灵魂也不能幸免于死亡。

集谛：造成世间人生苦痛的原因。在无常事物中追求某些永久的东西必然导致苦。在我们没有发现这个真理的时候，就会产生烦恼与痛苦。

灭谛：断灭世俗烦恼的业因和生死果报。但我们认识这个真理时，就能把事物看作其原本的样子，就不会再受到它们的干扰和影响。保持不受残酷命运之剑或其他事物的影响，则是进入涅槃的条件。

道谛：达到涅槃寂静的方法。追求并理解这些真理，就能使我们遵循八种正确的道路，最终到达觉悟。

人生一切皆苦，所以苦的根源就在于欲望，断绝欲望就能够消除痛苦，就能从生死轮回中解脱出来。获得解脱的途径就是"八正道"：正见、正思、正语、正业、正命、正精进、正念、正定。

八正道也叫八圣道，意思是八种通向涅槃的正确方法或途径。八正道的寓意分别是：

正见：对佛教真理"四圣谛"等的正确理解；正思：对"四圣谛"等佛教教义的正确思维；正语：不说一切违背佛教真理的话语；正业：正确的行为；正命：按照佛教的戒律过正当的生活；正精进：勤修涅槃佛法；正念：铭记佛教真理；正定：专心修习佛教禅定，静观"四谛"真理。

②破除我执，到达觉悟。

我之所以烦恼、痛苦，就是因为我对外物有所执着。我把自己跟一切现象世界的东西分别开来，有我的追求，我想得到这个，想得到那个，可是这些东西常常给我带来更大的烦恼和痛苦。

"我执"不仅仅是一种物质上的追求，还包括精神层面的追求，我比你聪明，我比你有更多的知识，佛教里面就叫作"我慢"，"我慢"也会带来很多烦恼，为什么？你不虚心了嘛。

释迦牟尼最初教导我们要破除这种"我执"。如果你能够克制自己的种种欲望，进而不再去贪恋现象世界的东西，那么你就是得道了，得证到了罗汉。罗汉是离欲后的一种果位。

显然，这个法门是从人自身入手的，让人从主观上不要去贪恋现象世界，从而消灭烦恼。大乘佛教认为，现象世界本身是因缘所生之法，既然是因缘所生之法，当然也是虚幻不实的。

大乘佛教的代表经典之一是《金刚经》。《金刚经》教导我们，要认清现象世界的实相，实相其实就是无相、空相。但是，我们每个人生活在现象世界中，总会接触到许许多多的现象，那么应该怎样去处理这些相呢？《金刚经》就提出一个方法，叫作"应无所住而生其心"，相来了我们就应对，相去了我们就放下，这就叫"无住"，即不能够停留在相上。

《金刚经》最后提出一个偈子，叫"一切有为法，如梦幻泡影，如露亦如电，应作如是观"。一切现象世界都像梦幻泡影一样虚假、不实，并没有一个真实的存在，这就是无我。同时，这些现象如露亦如电，很快就会消逝，好比闪电一闪而过；又好比晨露，太阳一出来就消散了，这就是无常。无我和无常的现象世界，就是空。宇宙万物乃是自己内心所造的景象，其实就是"幻相"，只是昙花一现。但是人们出于自己的无知（"无明"）而执着地追求（"执迷不悟"），这种根本的无知就是"无明"。"无明"导致"贪欲"，又"执迷不悟"，这便把人紧紧缚在生死轮回的巨轮上，无法逃脱。

人从生死轮回中解脱出来的唯一办法便是"觉悟"。人觉悟之后，经过多次再世，所积的"业"，不再贪念世界、执迷不悟，而是无欲、无执，这样人便能从生死轮回之苦中解脱出来，这个解脱就是"涅槃"。

③顿悟。

佛教有一种"顿悟成佛"学说。认为学佛和修行虽然重要，但是这只是成佛的预备，仅靠这些渐进积累远不足以成佛。成佛还要有一个突变的心灵经验，使人跳过深渊，由此岸到达彼岸，在一瞬间完全成佛。人在跳跃深渊时，也可能跳不过去，结果还是留在此岸；在此岸和彼岸之间，并无其他的中间步骤。

顿悟论的理论依据是：成佛在于与"无"成为一体，或者可以说，和"宇宙心"成为一体。"无"既超乎形体，便不是"物"；既不是"物"，便不能分割成多少块。因此，人不能今天与这块"无"合一，明天与那块"无"合一。"一体"只能是一个整体，合一只能是与整体合一。凡不是与整体合而为一，便不是一体。学"悟"，并不就"悟"，只有经历"顿悟"，才能消除杂念。

佛教还认为，一切众生，皆有佛性，皆可成佛。人首先应当知道自身有佛性，然后经过学佛和修行才得"见"。这个"见"只能来自一种"顿悟"，因为"佛性"是一个不能分割的整体，人若"见"，所见的必定是那个整体，若未见整体，就是未见。佛性又是从外面无法见到的，人若"见"到自身的佛性，只能经过与佛性融为一体的体验，这就是"返迷归极，归极得本"。"极"和"本"就是佛性，归极得本所经验的境界便是涅槃。

佛教中的禅宗把这种"悟"也称"见道"。南泉普愿禅师曾曰："道不属知不知，知是妄觉，不知是无记。若真达到不疑之道，犹如太虚廓然，岂可强是非也！"（《古尊宿语录》卷十三）人悟道也就是与道合而为一。这时，广漠无垠的"道"不再是"无"，而是一种"无差别的境界"。

这种境界按南泉普愿禅师的经验乃是"智与理冥，境与神会，如人饮水，冷暖自知"（《古尊宿语录》卷三十二），以示人与外部世界的"无差别境界"不是言语所能表达的，只有靠人自己经验才能体会。

在这种境界里，人已经抛弃了通常意义的知识，因为这种知识首先就把"人"这个认识主体和"世界"这个认识客体分开了。但正如南泉普愿禅师所示，"不知之知"把禅僧带入一种知识与真理不分、人的心灵与它的对象合为一体的状态，以至认识的主体和认识的客体不再有任何区别。这不是没有知识，它与盲目的无知是全然不同的。这是"不知之知"，是南泉普愿禅师所要表达的意思。

当禅僧处在顿悟前夕时，他特别需要师父的帮助。当学僧要在心灵中跳过那道悬崖时，师父给予的些许帮助就是极大的帮助。在这时候，禅师采用的方法往往是"一声棒喝"。禅宗在文献里记载了许多这样的例子。师父向徒弟提出许多问题后，会突然用棒或竹篦打他几下。如果时间正好，徒弟往往因此而得到顿悟。怎样解释这一点呢？看来，师父正是借打徒弟这样的行动，把徒弟推入在悬崖上向前一跃的那种心理状态，而这是徒弟在精神上早已等待着的一刻。

为形容"顿悟"，禅师们用一个比喻说法："如桶底子脱。"当桶底忽然脱落时，桶里的东西在刹那间都掉出去了。人在修禅的过程中，到某个时候，心里的种种负担，忽然就没有了，各种问题都自行解决了。这不是人们通常理解的解决了思想问题，而是所有原来的问题都不再成为问题了。这就是何以称"道"为"不疑之道"的缘故。

④禅宗的修行方法——不修之修。

禅宗认为"生活即修行""行往坐卧，无非是道""一日不作，一日不食"。

佛教的第一要义就是"无""空"，要识得"无"，就是要做到"不修之修"。

据说马祖在成为怀让（744 年卒）弟子之前，住在衡山（在今湖南省）上。"独处一庵，惟习坐禅，凡有来访者都不顾。"怀让"一日将砖于庵前磨，马祖亦不顾。时既久，乃问曰：'作什么？'师云：'磨作镜。'马祖云：'磨砖岂能成镜？'师云：'磨砖既不成镜，坐禅岂能成佛？'"（《古尊宿语录》卷一）马祖闻言大悟，于是拜怀让为师。

照禅宗所说，修禅成佛的最好方法是不修之修。有为之修虽然也能产生某种良好效果，但是不能长久。黄檗（希运）禅师（847 年卒）说："设使恒沙劫数，行六度万行，得佛菩提，亦非究竟。何以故？为属因缘造作故。因缘若尽，还归无常。"他还说："诸行尽归无常。势力皆有尽期。犹如箭射于空，力尽还坠。都归生死轮回。如斯修行，不解佛意，虚受辛苦，岂非大错？"（《古尊宿语录》卷三）

他还说："若未会无心，著相皆属魔业。……所以菩提等法，本不是有。如来所说，皆是化人。犹如黄叶为金钱，权止小儿啼。……但随缘消旧业，莫更造新殃。"（《古尊宿语录》卷三）

所以，最好的修禅方法是尽力做眼前当做的事，而无所用心。

这正是道家所说的"无为"和"无心"，也就是"善不受报"。这样修行并不是为了达到某种目标，无论这个目标多么高尚，修行不是为了达到任何目的。那么在他以前积累的业消除净尽以后，他就能超脱生死轮回，达到涅槃。以无心做事，就是自然地做事，自然地生活。就像义玄禅师所说："道流佛法，无用功处。只是平常无事，屙屎送尿，着衣吃饭，困来即卧。愚人笑我，智乃知焉。"（《古尊宿语录》卷四）有些人刻意成佛，却往往不能顺着这个自然过程，原因在于他们缺乏自信。义玄禅师说："如今学者不得，病在甚处？病在不自信处。你若自信不及，便茫茫地徇一切境转，被它万境回换，不得自由。你若歇得念念驰求心，便与祖佛不别。你欲识得祖佛么？只你面前听法的是。"（《古尊宿语录》卷四）

所以，修行就是抛弃一切得失考虑，以平常心做平常事，如此而已。也就是禅师们所说的"不修之修"。

虽然穿衣吃饭是平常之事，但能做到无求无心却不是一件容易的事。正如穿一件衣服，别人的夸赞和讨厌都会无不引起内心的波动。而真正修行的人就要做到内心无滞、无心无待、"做而无所为"。

所以不修之修本身就是一种修，正如不知之知本身也是一种知。这样的知，不同于原来的无明；不修之修，也不同于原来的自然。因为原来的无明和自然，都是自然的产物；而不知之知、不修之修，都是精神的升华，达到一种禅定境界。正如禅语所说："终日吃饭，未曾咬着一粒米；终日着衣，未曾挂着一缕丝。""挑水砍柴，无非妙道。"

（二）西方哲学中自我的人生走向

1. 西方哲学中的人生最高境界——上帝（神）

（1）基督教的信仰——上帝（神）。

西方是有神论者，信仰耶稣基督，也就是基督教。基督教始于一个被基督徒认为是圣子的犹太人——耶稣的生活、传道、受难、复活和升天，但其根源可以追溯到犹太教，相对于犹太教的《旧约》，基督教把自己的教义看成《新约》。《新约》认为，上帝的言语和作为曾在耶稣身上通过他的教导、赦罪和医治表现出来，上帝一直在向所有人提供同样的救赎，于是基督教在西方世界流传开来，并向世界各地扩散。

起初，基督教只是一场小范围的运动，因为它感受到上帝为圣灵，相信耶稣基督的复活，所以对自己很有信心。在君士坦丁大帝（约273—337）统治之后，基督教变成了罗马帝国的宗教，从罗马人那里继承了不少成分，无论基督教传播到何处，这种吸收都是它的特色。

基督徒在信仰和实践上意见从未统一过。在最初几个世纪，大公会议确定了几个信经作为承认基督徒的条件。但是东部和西部还是出现分裂。东部的基督教称为东正教，主要由希腊和俄罗斯组成；西部的基督教称为天主教，天主教在宗教改革之后，除了保留原有的天主教之外，又分裂为很多小的教派，这些称为新教。

基督教有六条基本教义：

①三位一体：基督教信仰三位一体的上帝，认为上帝就其本质而言只有一个，但是具有三个位格：圣父，即天地万物的创造者和主宰，"独一无二的、无所不能的上帝，创造有形、无形的万物的上帝"；圣子，即耶稣基督，是"独一无二的主，为圣父所生"，"天地间的万物都是凭着他而受造的"，他"为拯救世人而降临，取肉身成为世人"，"将来必再降临，审判活人死人"；圣灵，"是主，是赐生命的，从父出来（西派教会主张

'从父和子出来'），与父子同受敬拜，同受尊荣"。

这三者虽非一位，却不是三神，而是同具一个本体的独一无二的真神。

②帝之创造：亦称"天主之造化"，认为宇宙万物都是上帝所创造的。上帝创造世界的过程也称为"六日工程"。

③道成肉身：基督在创造世界之前便与上帝同在，即上帝的"道"，也称逻各斯。因世人犯罪无法自救，上帝派遣他来到人间，通过童贞女玛利亚而取肉身成人，即耶稣基督。

④原罪：人世苦难的根源，即整个人类的原始罪过。除原罪外，每个人自己违背上帝的旨意所犯的罪则称"本罪"或"现犯罪"。

⑤救主与救赎：基督教称耶稣基督为"救主"或"救世主"，认为耶稣降生是为了拯救相信他的人摆脱罪恶，得到永生。

⑥天堂和地狱：基督教传统教义认为，现实世界是罪恶的渊源，人在这个世界中的苦难是无法摆脱的，只有相信上帝和其派来的救主耶稣，一切顺从上帝的安排，死后灵魂才能升入天堂，否则在末日审判时会被投入地狱。

基督教的教义可归纳为两个字——"博爱"。在耶稣眼里，博爱分为两个方面：爱上帝和爱人如己。在基督教的教义中，"爱上帝"是指在宗教生活方面要全心全意地侍奉上帝。基督教是严格的一神教，只承认上帝耶和华是最高的神，反对多神崇拜和偶像崇拜，也反对宗教生活上的繁文缛节和哗众取宠。"爱人如己"是基督徒日常生活的基本准则，它要求人应该自我完善，应该严于律己，宽以待人，应该忍耐、宽恕，要爱仇敌，并从爱仇敌进而反对暴力反抗。只有做到上述要求，才能达到博爱的最高境界——爱人如己。

基督教的经典是《圣经》。《圣经》中记述的都是上帝的启示，是基督教徒信仰的总纲和处世的规范，是永恒的真理。《圣经》分为《新约》和《旧约》两部分。《旧约》原是犹太教的经典，耶稣对它的某些方面提出了自己的、不同于犹太教的看法，并做出了解释说明，作为自己信仰的一个重要依据。《旧约》包括律法书、先知书、历史书和杂集四类，共39卷，其中记录了天地起源、犹太人的来源和历史以及古代犹太人的文学作品。《新约》包括福音书（即《马太福音》《马可福音》《路加福音》和《约翰福音》）、历史书、使徒书信和启示录四类，共27卷，其中主要记述了耶稣及其门徒的言行，在《启示录》中，还记述了基督教对末日审判的预言。

　　（2）上帝造人：神的形象与原罪。

　　人之所以要信仰上帝，是因为上帝创造了万物，同时按照自己的形象创造了人，所以人分有上帝的神性，也就是分有基督的普遍存在，基督乃完美人性之原型。但上帝造人时又给了人自由意志。自由意志使人犯下原罪，整个人类都分有亚当之罪。因为让人有了自由，自由就可以选择，选择就隐含了犯错的可能性。

　　可以说，人是上帝创造的，具有"神的形象"，这代表着正面——善；但是又有"原罪"，这代表着负面——恶。例如，每个人都有惰性与劣根性，有时候觉得内心出现一种难以了解的、可怕的欲望，是不能说出口的。就像英国作家兰姆的一段自我解嘲的话："有些人称赞我是好人。这种名声实在来得太容易了！付清你的贷款，不要向人借钱，不要扭断小猫的脖子，不要打扰大众的聚会等，这样就够了。但是我却真正了解自己，假设朋友们知道我的真面目的话，恐怕要像逃避瘟疫一样溜之大吉了。"当然，心中想的和实际做的是两回事，如果要以一个人心中所想来评定一个人，那么天下恐怕没有人是真正的好人了。正如奥古斯丁所说："上帝要我道德高尚，但我未能做到。"[①]

　　那么，我们如何才能得救呢？

　　在基督宗教中，一个人如果要得救，必须通过信、望、爱三种德行。信就是信仰，也就是我们常听到的"信耶稣得永生"。通过虔诚的信仰就会产生"希望"，就是面对生老病死的必然规律而不害怕，即使遭遇世间一切痛苦的折磨，也不会放弃乐观盼望的心情。然后以信仰与希望为个人生命的基础，发挥无限的爱心，做到"爱人如己"，甚至舍己为人，因为它相信神就是爱，人除了"爱"之外，一切都是虚幻的。

　　2. 西方学者人生的完美境界——上帝（神）的论述

　　（1）善的"理念"或"形相"——柏拉图。

　　西方哲学的另一个源头可以追溯到古希腊。怀海特曾说："所有后来的西方哲学都只是为柏拉图的著作做脚注。"[②]

　　柏拉图（前 427 年—前 347 年）是苏格拉底的学生。在苏格拉底之前，古希腊一直在探索世界的本源是什么，如著名的古希腊哲学家泰勒斯提出，水是万物之源，还有提出原子论的德谟克利特、提出火本源论的赫拉克利特、提出存在论的巴门尼德，以及提出数是本源论的毕达哥拉斯。到了苏格拉底，他把探索的视野从世界转移到人。他提出了一些根本问

---

① 傅佩荣. 哲学与人生. 北京：东方出版社，2012：47.
② 傅佩荣. 西方哲学与人生：第一卷. 北京：东方出版社，2013：380.

题，比如"什么是善""什么是美""什么是正义"，他通过不断质疑和探究揭示那些真实存在的抽象实体的本质。这些实体并不存在于特定的时空中，而是脱离时空的普遍存在。日常生活中单个美或善的事物以及个体特定的勇敢行为是飘忽不定的，它们分有了真的美或善以及真的勇敢之类的永恒实在，这些永恒实在本身是不会消亡的理念。

柏拉图运用这一意义深远的理论来阐述道德和价值的本质，并把它推广到所有实在之上。在他看来，世上万事万物无疑都是过眼云烟，它们是理想形式（即所谓的"理念"和"形相"）的摹本，而永恒的"理念"和"形相"则是不依赖时空而存在的。

柏拉图从不同角度论证了这一结论。例如他认为，对物理学研究越深，就越能看清物质世界事物之间的数学关联。整个宇宙体现了秩序、和谐和匀称，或如今人所言，可以用数学公式来表示全部物理学，就像毕达哥拉斯那样。柏拉图认为，混沌（更不要说日常生活表面上的杂乱无章了）的背后，存在着一种秩序，完全展示了数学的理想与完美。此种秩序肉眼难辨，但能被心灵感受，被智力把握。最重要的是，它出现了，存在着，并构成现实的基础。为完成这一独特的研究计划，他还把当时出色的数学家请到学园；在他的帮助下，数学以及今人所谓的"科学"在许多方面都有巨大的发展，而所有这些方面在当时只是"哲学"的组成部分。

柏拉图涉猎极广，学识宏富。他把整个现实分为两个部分。可见的世界向人的感觉呈现，乃日常世界，其中一切皆不持久，万物均不同一，或者说，可见世界中万事万物总会变成其他事物，一切都不会永恒存在。也就是，一切皆变，无物常在。万事万物生成然后消亡，一切都不完美，都会衰亡。时空中的可见世界是人的感官所能把握的唯一世界。而另一世界则不依赖时空，无法为感觉所把握，其具有永恒和完美的秩序。这一世界是永恒不变的实在，而日常世界只能提供有关这一世界的粗略的、不完美的影像。这另一世界是真实存在，因为它固定不变，它是其所是，不会变成其他事物。

两个世界的划分意味着人类本身也像其他事物一样。人的一部分是可见的，而其后的另一部分则看不见，只能为思维所把握。可见的部分即人的身体和物质的东西，它们遵循物理学规律并占据一定的时空。人的物质身体生成然后消亡，常常是不完善的，永远不可能在不同时刻表现为同一状态，并且一直处在快速衰亡之中。它们是另一种东西的瞬时影像。这另一种东西也是人本身的，它是非物质的、永恒的、不会衰亡的，不妨称之为"灵魂"。灵魂是永恒的"形相"，其存在秩序超越时空，所有永恒不变的"形相"构成了终极实在。

这一思想和基督教相似。在基督教产生并逐步发展的古希腊，占据主导地位的哲学流派正是柏拉图主义。《新约》虽然是用希腊语写的，但早期思想深刻的基督教思想家大多致力于把自己的教义与柏拉图学说加以调和。基督教正统思想最终吸收了柏拉图最重要的学说。这一时期，人们普遍把苏格拉底和柏拉图称为"基督之前的基督徒"。许多基督徒都坚信，这些古希腊思想家的历史使命就是为基督教的重要思想奠定理论基础，揭示两者之间的具体关系便成为中世纪诸多学者的工作。

在柏拉图那里，理想的"理念"或"形相"才是神圣的，它们是完美无缺的。

（2）上帝是宇宙不动的推动者——亚里士多德。

亚里士多德（前384—前322）是柏拉图的学生，他钦佩自己的老师，但其思想与柏拉图有着决定性的差异。亚里士多德认为，柏拉图把终极的真和善置于我们生活世界之外是错误的，在他看来，真理在对自然的正确认识中开始，也在对自然的正确认识中结束。

亚里士多德认为真理在于对自然的恰当理解，这一观点不可避免地又将人们引回到自然的源头——一切事物的开始或本原。这是对一切事物为什么是现在这个样子以及它们怎样存在、为什么存在完善的认识和理解。亚里士多德认为，一切事物都有它们自己的典型形式——不是柏拉图理解的存在于这个世界之外的善的形式，而是使每个物体独特地是其所是的形式。譬如，具体的羊可以瞬息即逝，但存在一个羊的典型形式，它部分地由羊的身体构造的形状构成，还部分地由羊的目的，即羊是用来做什么的构成。一把刀的形式或灵魂是它由金属以特定的方式制成，为的是有一个可以用来切割的利刃。人的形式或灵魂是理智（nous），利用这个理智，人可以通达上帝。

对于亚里士多德来说，这意味着人有一种深深的渴望，即想要知道和认识真理。人在寻求真理的时候就分有了上帝，因为上帝是认识的最高境界。这一境界在希腊语中被称作"nous"（智力，理智），渴望上帝，就是渴望认识。

根据亚里士多德的观点，一切事物都处在一个不断变化的过程中，努力达到属于它们自身本质的目的。人的目的就是通过对自然的认识上升到整个自然的源头和起因——那个使一切其他的实在和存在物存在的纯粹的行动和存在。一切其他的实体自身都有某种缺陷，尤其在它们都是偶然的这一意义上：它们偶然存在，但也可能不存在。亚里士多德相信，人的灵魂由于分有了绝对的理智和真理，即上帝，因而克服了偶然性甚至死亡这一缺陷。

可以理解的真理或理智是一切存在物的永久的源泉，天体可以瞬息即逝，它却永存，在这个意义上，上帝被亚里士多德视为不动的推动者，一切事物都从它那里获得存在。而且，如果它们聪明的话，它们还可以通过运用理性从偶然的世界上升到一切存在的源头，努力回到它那里。理性或逻各斯具有如此特性，以至斯多葛派称它为"上帝播在我们体内的种子"，若得到培育，它就能带领我们自然而然地达到我们的目的。

（3）新柏拉图主义——普罗提诺。

在柏拉图和亚里士多德对上帝的描述中，对上帝的认识没有得到发展，今天很多人在读这些描述时，就像在过去一样，把他们对"上帝"的描述仅仅看成对终极实在和真实的一种速写。但是就在柏拉图和亚里士多德之后的几个世纪中，很多人寻求以认可人类在崇拜和祈祷中对上帝的感受的方式来理解这些描述。新柏拉图主义者尤其是普罗提诺（约205—270），对柏拉图和亚里士多德的思想进行了一种融合，强调追求真理、逃避邪恶和无知，承认终极的实在，一切存在的源头、人类追求的目标不可能在这个世界的脆弱性和偶然性中遭到损害。他们描述了一幅绝对超越、远离这个世界的"太一"图景。"太一"流溢出一个存在的等级或系列，其中每个成员都分有它直接的源头，然后产生这个系列的下一个存在，最终从这个存在的系列中产生出被造的世界。生命的目标或者目的就是沿着这个存在的系列或完善的阶梯努力地一步一步地走回去，直到回归于"太一"，用普罗提诺的名言来说，就是从个体灵魂上升到"太一"境界。

（4）一个寻求的灵魂——奥古斯丁。

奥古斯丁（354—430）为基督教对上帝的认识奠定了基础，以后很多世代对上帝的认识都建立在此基础上。奥古斯丁于354年出生在北非的塔加斯特，接受彻底的罗马教育；熟悉新柏拉图主义，有几年时间曾受到摩尼教思想的吸引。摩尼教主张善恶二元论，在二元论中，善要极力摆脱这个世界的物质羁绊。

383年，奥古斯丁去罗马任教，384年到米兰任雄辩术教授。尽管他很有学识，但他仍不安宁，想要找到超出转瞬即逝的时尚和当时哲学之外的永恒真理。人本性中最根本的一点，就是位于我们存在之核心的那种不安宁，它驱使我们或在生活中，或在爱、科学、艺术中去寻求真理。正如他说："我们的渴望从很远之外就看到了我们所要寻找的陆地，它抛出希望做锚，把我们拉到岸边。"①

一天下午，奥古斯丁和一个朋友坐在无花果树下，听到隔壁一个小孩子在反复说："Tolle lege，Tolle lege。"即"拿起来读，拿起来读"。奥古斯丁就做了仿佛接到命令要做的事，随手翻开放在身边的保罗（耶稣的门徒）书信，读道："行事为人要端正，好像行在白昼；不可欢宴醉酒，不可好色淫荡，不可争竞嫉妒。总要爱戴主耶稣基督，不要为肉体安排，去放纵私欲。"他写道："在那一刻……我顿觉有一道恬静的光射到心中，溃散了阴霾笼罩的疑阵。"②

奥古斯丁成了基督徒，通过受洗，被授予圣职。他回到北非，当上了希波主教。在晚年时记述了上帝引领他，也是引领所有人到真理面前时的感觉，这不是一个人的努力或善功的结果，完全由上帝一手所为。从他不配得上帝对他的方式上，奥古斯丁强调了上帝在对待创造物时的绝对主权。在严格意义上，所有人都应该受诅咒，只有通过上帝决定性的行动（即恩典）才能得救。奥古斯丁也意识到，他在自身之外，在上帝创造的作品中寻求上帝是一个好的开始（毕竟，他们是上帝创造的，也是上帝让他们继续存在），但是他必须从自身之外寻求上帝转到在自身之内发现上帝，在上帝的本性中发现真正的自我。正如他写道："我爱你已经太晚了，你是万古常新的美善，我爱你已经太晚了！你在我身内，我驰骛于身外。我在身外找寻你，丑恶不堪的我，奔向你所创造的炫目的事物，你和我在一起，我却不和你相偕，这些事物如不在你里面便不能存在，但它们抓住我使我远离你……（通过他们）你抚摸我，我怀着炽热的神火想望你的和平。"③

奥古斯丁认为，"上帝是什么"远远超出了人的认识，"既然我们现在谈论的是上帝，你就不认识它，如果你认识了，那就不是上帝"。但是被造以反映上帝形象的人也几乎同样不能认识自己，他说："我们的思想甚至不能被自己认识，因为我们是照着上帝的形象造的。这样一来，人对上帝的寻求似乎是一个谜在追求另一个谜，但是上帝已经首先采取了行动来

---

① 约翰·鲍克. 神之简史：人类对终极真理的探寻［M］. 高师宁，等译. 北京：生活·读书·新知三联书店，2015：258.
② 约翰·鲍克. 神之简史：人类对终极真理的探寻［M］. 高师宁，等译. 北京：生活·读书·新知三联书店，2015：258.
③ 约翰·鲍克. 神之简史：人类对终极真理的探寻［M］. 高师宁，等译. 北京：生活·读书·新知三联书店，2015：259.

寻找我们、发现我们。"①

正是那种位于我们存在的核心的不安宁驱使我们不断发现真理，并在真理中发现上帝，"你造我们是为了你，我们的心如不安息在你怀中，便不会安宁"。"朋友死去，便会伤心，蒙上痛苦的阴影……死者丧失生命，恍如生者的死亡……一个人的灵魂不论转向哪一面，除非投入你的怀抱，否则即使倾心于你以外和身外美丽的事物，也只能陷入痛苦之中……事物在川流不息地此去彼来，为了使各部分能形成一个整体。天主之道在说：'我能离此而他去吗？'你应该定居在那里，把你所得自他的托付给他。噢，我的灵魂，终于对空虚感到厌倦，把得自真理的一切，托付于真理，你便不会有所丧失；你的腐朽能重新繁荣，你的疾病会获得痊愈，你的败坏的部分，会得到改造、刷新，会和你紧密团结，不会再拖你堕落，将和你一起坚定不移地站在永恒不变的天主身边。"②

上帝赋予了创造物中的善，但它们不是终极的善，终极的善只能是上帝。奥古斯丁清楚地认识到创造物中有很大的混乱，即善的缺乏，这种缺乏也许就是他在自身的存在中所称的缺点。这种混乱有很大一部分是由于我们从导致上帝创造之工的那种慷慨的爱转向自私的专注（自爱）引起的。

重新发现慷慨无私的爱是我们得救的开始，也是我们得救的结束。慷慨无私的爱明显体现在基督身上，这种重新发现实际上就是了解上帝本性，对于奥古斯丁来说，作为爱的上帝，他的启示使他不可避免地集三位于一体，因为爱不可能不这样，"爱是给予被爱者的爱，是施爱者的行动，爱是一个三位一体，即施爱者、被爱者及爱本身"。人（按上帝的形象被造）在自己的记忆、理解和爱这些经验中反映了这种三位一体的本性。当人运用记忆、理解和爱让自己与上帝合一的时候，人就变成了那种三位一体的本性。

因此，是爱在我们最佳的时候发现了我们，因为在爱中我们被卷入了上帝的存在当中，上帝就是爱："追求上帝是渴望至福，得到上帝是至福本身。我们通过爱上帝寻求得到上帝，我们到达上帝面前不是靠完全变得和他一样，我们是在与他接近中，与他美妙的、明显可察的交流中，在内在地被他的真理和圣洁照亮充满的时候到达他面前，他就是光本身，这光

① 约翰·鲍克. 神之简史：人类对终极真理的探寻 [M]. 高师宁，等译. 北京：生活·读书·新知三联书店，2015：259.
② 约翰·鲍克. 神之简史：人类对终极真理的探寻 [M]. 高师宁，等译. 北京：生活·读书·新知三联书店，2015：260.

赐给我们为的是让我们被这光照亮……这是我们唯一彻底的完美，唯有借此我们才能成功地达到真理的纯净。"①

（5）完美的幸福在于看见上帝——托马斯·阿奎那。

托马斯·阿奎那（1225—1274），13 世纪杰出哲学家，在绝大多数人看来，他也是自 800 年前的奥古斯丁以来最伟大的哲学家。阿奎那的伟大之处在于，他是他那个时代西方思想的集大成者，这种集大成的思想与基督教信仰并不冲突。他甚至还融合了犹太教和伊斯兰教的思想。基督教哲学一开始以柏拉图和新柏拉图主义为主要表现形式，而如今，亚里士多德哲学得以在基督教世界复活，并被融合到基督教哲学中。托马斯主义（亦即阿奎那创立的哲学）很大程度上把广义上的柏拉图的基督教同亚里士多德哲学高度完美地结合在一起，在如此浩大的工程中，阿奎那小心翼翼地在哲学与宗教、理性与信仰之间"走钢丝"。例如，他认为，从理性上是无法断定世界有无开端和终结，说有说无都是对的。但身为基督教徒，尽管无法给出理性的证明，他却相信世界始于上帝的创造，并且有朝一日会消亡。

阿奎那从亚里士多德的立场出发，认为有关世界的理性知识都是从感觉经验而来的，人类的思维依据感觉经验才能做出反应。

对于阿奎那来说，上帝比他的著作更为重要，尽管如此，他的著作，尤其是《反异教大全》和《神学大全》，仍然是一项伟大的成就。他之前的著作家，如奥古斯丁，都是从《圣经》这样一个问题开始，即上帝要创造、救赎、保持世界，如他实际所行的那样，他的本性必须是什么。

阿奎那清楚地意识到上帝远远超出了我们的理解，绝对是无法描述的。然而，我们通过观察世界存在的方式，通过崇拜和热爱，还是可以对上帝有所认识。此外，如果上帝是造物主，他创造的作品将会揭示这位造物主的本性和目的，正如艺术家的作品会对艺术家的本性和目的有所揭示一样。

那么，我们怎样开始认识上帝？我们必须从在周围看见和认识的事物开始。如果我们聪颖、明晓事理，我们在观察事物存在的方式的时候，就必定对事物之所以如此推断出一个充分的原因，哪怕把这个原因归为一套科学规律。这种论证在我们这个时代的自然科学中极其普遍，现在被称为"后验的证明"。因此，我们虽然看不见微中子（基本粒子），但从观察其结果、从要想解释可观察到的物体中的有益性质就必须有它们存在这一

---

① 约翰·鲍克. 神之简史：人类对终极真理的探寻 [M]. 高师宁，等译. 北京：生活·读书·新知三联书店，2015：260 - 261.

点，我们可以推断它们的实在性。尽管如此，即使你能看见微中子，要想描述它们的形状还是不可能的。

因此，阿奎那相信理性能够得出上帝存在的结论，他提出了达到这一结论的五个途径：

①从一切事物都处于运动变化之中这一事实，推导出那位推动一切事物运动而自身不动者。

②从观察一切事物都有原因可以得出这样一个结论：如果你穿过因果链往回追溯，你就会到达这一切原因的起因，这个起因自身没有原因。

③从我们生活在一个充满偶然可能性（一切村庄原本有可能不存在）的世界这一事实，可以得出这样一个结论，任何事物要想存在，必须有一个必不可少的对偶然存在的保证，这意味着上帝是为什么有某物存在而不是无物存在。

④从我们进行比较（更高、更聪明、更小等）这一事实，可以得出这样一个结论：必定存在一个绝对的标准，比较是参照它而进行的，这个"标准"必定存在，因为完美就是以最可能完满的形式存在。

⑤从观察一切事物都以特定的方式存在，以指向自己的目的——如种子变成植物，箭瞄准得当就会射中目标（因为箭被设计用来达到自己的目的），可以得出这样一个结论：在有条理设计的地方，就可以合理地推断出一位设计者。

将这五个途径中提出的论证简单地加以总结，看起来也许不具有说服力，但这些论证直到今天仍为人们讨论。毫无疑问，它们说明了阿奎那是以怎样的方式相信信仰是理性的。可是，我们为什么要费力去证明上帝的存在呢？很多不信仰上帝的人生活照样成功（或者表面上看是成功的）。阿奎那相信人对上帝有一种自然的渴望，因为人对真理有一种自然的渴望，如果你努力地寻求真理，你就会得出一个结论，那就是上帝是存在的。尽管如此，你还是不能充分地认识到上帝是什么，实际上在此生中你永远不会认识到上帝是什么。那一点只会在你最后看见上帝的时候，即在所谓的极乐梦幻中才会变得明朗起来。但同时，从上帝对我们的行动，向我们启示我们能够理解的事情的方式上，我们又确实对上帝有所认识，在《圣经》中我们读到上帝创造的爱以及拯救我们的方式。阿奎那坚持认为，和艺术作品反映艺术家的本性和目的一样，上帝对待世界时所启示的爱，也反映了上帝作为完美的、绝对的爱的本性。

这意味着上帝不是一个枯燥的阿拉伯数字、一个学术论证的结论，上帝的本性本身就是爱的完美的现实。所以，上帝是一个本质之中的三个位格，因为没有多，爱就无法存在；没有完美的合一，爱就不完整；一个本质中必须有三个位格。

用术语来说，这意味着存在一个自身无起因的起因，神圣本性从这个起因中表现出来，在神圣本性的表现中，结果永远呈现在他们面前。用更普通的人类语言来说，他们被称为圣父、圣子、圣灵，从自身不被造而创造一切的创造者那里，道作为自我表现的方式要永远被言说，爱这一结果存在于那个自我表现中。他们不是上帝的三个"小部分"，更不是三个上帝，上帝唯一者就在爱的这种动态的关联中构建起来。

根据阿奎那，上帝作为三位一体（一个本质之中的三个位格），其本性有点像头脑、思想和语言之间的联系。一个人的头脑知道自己是独特的，是自己的而不是别人的头脑，但是头脑产生思想，这两者有区别，但又构成一个实在，这个实在，即头脑和思想说出的语言（在这样做时，头脑和思想都无所损）；同样，在这件事发生的时候，语言既区别于头脑与思想，但与它们又共同构成一个"实在"，成为一个"实在"。

反过来看，说出的语言并非异于头脑和思想，思想也独立于说出的语言，虽然思想和语言发自头脑，以头脑为它们的起因和源泉，但大家都是一，同时又是三。然而，就是阿奎那取自我们对自身的经验做比喻，也只是指向这一真理，即上帝是爱，因为上帝的爱与上帝的存在是同一的，所以在上帝之中以爱的形式发出的也就是爱。

正是这种把上帝的内在本性视为三位一体，同时在意志和爱中又必然是一的观点，使得阿奎那能够回答伊斯兰教的哲学家提出的这个问题：完美自足的存在究竟为什么要创造一个外在于自己的宇宙？这样做不可能有什么原因，因为若不是这样，这个原因就会成为第一因行动的原因，那样第一因就变成了第二因。伊本·西拿说过，严格地说，创造是不必要的，创造必定来自慷慨。对阿奎那来说，用拉丁语表达就是"liberalitas"，即无限度的慷慨，但是因为我们知道上帝的本性是一个爱的三位一体，所以是纯粹的爱导致了创造。上帝创造不是为了"从中得到什么"，而仅仅是为了与创造物共享那种爱的慷慨本性。

当然，我们不能描述性地谈论上帝的内在本性，因为我们只能通过结果知道原因。一方面，根据后验的证明，我们可以推断现实中必定存在着我们称为"上帝"的那一位。但是即使我们能够看见上帝，我们也不能描述上帝是什么样子（因为实际上我们不能看见上帝），我们只能说上帝不是什么，这就是通常所说的"否定法"：上帝不是圆，不是方，也不比一棵树高……另一方面，因为我们在启示、崇拜和热爱中以及通过真、美、善这些绝对的事物对上帝有所认识，因为通过艺术家的作品，我们可以对艺术家有所了解，所以我们可以通过比喻来谈论上帝。上帝有点像艺术家，但远远超出了艺术家；上帝有点像人类的爱，但远远超出了人类的爱。上帝类似于人类经验中很多东西，但是要更加卓越，所以这种思考上帝的方式被称为卓越法。正是类比和本质的类比显示了上帝和一切创造物之间的根本区别。

宇宙中有本质（即事物所是）与存在的区分，狮子是什么（即狮子的本质）是由一切使其成为狮子而不是羊或其他事物的东西决定的，但是，狮子的形式或本质中没有一点要求它必须存在，一头具体的狮子是否碰巧存在只是偶然的事情，完全独立于狮子的本质（使其所是而有别于他物的东西）。但是，在上帝存在这点上是：上帝的本质（即上帝是什么）要求上帝存在，上帝如果不存在，就不可能是人们心目中的上帝应该是的样子，上帝本质就是存在。

由此我们可以说，受造物以偶然的方式将本质与存在结合起来，于是我们知道它们是什么，但是像渡渡鸟一样，它们可能碰巧不存在。根据我们对宇宙中本质与存在的了解，通过类比，我们可以看出，本质与存在在上帝中必定是以非偶然的方式结合的，不存在上帝可能不存在这一事实，因为那样一来，上帝的本质（即上帝是什么）就会在自相矛盾中解体。

这一论证很清楚，但是上帝不只是论证得出的结论，上帝可以通过崇拜、祈祷和热爱来认识。在阿奎那看来，这是我们存在的真正意义，也就是最高的意义。人生的最高目的就是参与到上帝充满活力、不朽的本性之中，上帝就是爱。

我们用一个故事来说明阿奎那对上帝的爱。这个故事讲的是住在那不勒斯、生命行将结束的阿奎那。一天，他正跪在耶稣受难像的十字架前祈祷，突然他仿佛听到基督从十字架上对他说话，愿意给他想要的东西作为对他工作的奖赏，这是造物主向他的孩子提供创造物。阿奎那一点也不惊讶，沉默良久，然后慢慢地抬起头说："我只想要——你自己。"① 这个故事也许不是真实的，但它告诉了我们阿奎那的真实思想。

（6）上帝与神话——科学的挑战。

近代科学的发展，从哥白尼的"日心说"、伽利略望远镜的发明、牛顿三大定律的发现，以及伴随而来的工业革命，大大改变了人们的世界观。19世纪人们对上帝能做什么和不能做什么进行了广泛的断言，如约

① 约翰·鲍克. 神之简史：人类对终极真理的探寻［M］. 高师宁，等译. 北京：生活·读书·新知三联书店，2015：269.

翰·廷德耳于 1874 年说："科学坚不可摧的地位可以用几个词来描述。我们要求，也将从神学那里，夺取宇宙论的全部领域。因此，一切侵犯了科学领域的计划体系，只要它们这样做，就要服从科学的控制，放弃一切控制科学的念头。"①

牛顿科学的巨大成功导致了所谓"研究普遍性规律的野心"，即决心要找到支配宇宙间一切所发生的事，包括人类行为的规律。达尔文用进化论来解释物种的起源更加增强了研究普遍性规律的野心，以至于弗洛伊德最初希望自己成为"发现人类大脑内部规律的牛顿"。

上帝怎样干预这样的宇宙？自然神论者（这个词用来泛指十七八世纪反对怀疑主义、捍卫上帝的各种各样的著作家）把上帝说成将创造物带入存在，然后让创造物按照它所创造的规律运行的唯一者，希望以此来挽救上帝。但是这只会产生一个与传统上帝的形象迥然不同的、遥远的、不起作用的上帝，正如赫尔曼·梅尔维尔（Herman Melville）于 1851 年所说的那样："充满着智慧，像一只手表。"②

难道传统的上帝的形象是错误的，或者至少是被误解了的？

大卫·施特劳斯（1808—1874）发表了《耶稣传》。他说："现代奇迹，现代飞行中那种梦幻的感觉，激动人心，丝毫没有恐惧，我只感到在自己信奉的原理和科学发现的原理之间，存在着内在的亲缘关系。"科学也许有权利对很多事实命题的正误进行裁决，事实也许必须是真理的基础，但是生活的意义不仅仅是科学，还存在一个神话世界。

神话这个词在现代已被滥用，它指的是被人们流传而非真实的故事。在 19 世纪及以前，神话指的是，因为别的话语及其类似的东西不能帮助我们表达而采取的方式。施特劳斯正是将这种对神话的正确认识与福音书及其对上帝的描绘联系起来。

哲学家黑格尔（1770—1831）在此之前已经让人们注意到观念和事实之间的区别：观念可以事实为根据，但是观念要想表明这些事实的含义就要超越简单的事实。宗教是"意义创造"的共同体，用施特劳斯的话来说，是"神话创作"的共同体。科学在以事实为根据提出进化论这类理论时也是如此，科学是更古老意义上的而不是现代意义上的神话。神话可能与任何事件无关，可能仅仅是一种方式，人们试图用这种方式来探索并分

---

① 约翰·鲍克. 神之简史：人类对终极真理的探寻［M］. 高师宁，等译. 北京：生活·读书·新知三联书店，2015：308.

② 约翰·鲍克. 神之简史：人类对终极真理的探寻［M］. 高师宁，等译. 北京：生活·读书·新知三联书店，2015：309.

享世界的意义、自己的意义及彼此之间关系的意义。但是神话同样也可能由事件产生，为的是引出这些事件的意义。事件不是作为简单发生过的事情留在过去，为的是引出这些事件的意义。所以当施特劳斯让人们注意与耶稣有关的神话的首要作用时，他并不是在否认事实和曾经发生过的事件的存在，他是在拒绝这样一种方法，这种方法企图从科学的角度，将那些声称拥有事实就是真实的东西分类出来，然后将其他的一切都作为无用的杜撰或毫无价值的编造抛弃掉。显然，就耶稣的情况而言，某个事情发生了，但是哪一个更重要？是试图确定耶稣生平的某些细节（实际上，在历史学家看来，这些细节极少）的考古学，还是他的生活的意义？两者确实都重要，但是对施特劳斯来说，重要的是要理解这样一种方式，耶稣的门徒通过这种方式来运用《圣经》神话，告诉人们为什么耶稣在使上帝成为真实，这个对于他们及其他人来说起着重要作用。接下来的结论就是，科学不能毁灭（就此而言也不能挽救）上帝，那么，怎样才能认识上帝？

（7）超越理性——巴特、克尔凯郭尔。

施特劳斯从远处挽救了上帝，但他却付出了在其他人看来似乎太高的代价：人成了定夺上帝能做什么及不能做什么的裁决者。对瑞士改革宗教会的一位年轻教师卡尔·巴特（1886—1968）来说，这样的后果是一场灾难。当巴特在第一次世界大战中看到双方的基督徒都利用了"上帝"来支持战争、为战争辩护时，这一后果的灾难性是十分显然的。上帝就像一个负载的动物被人饲养，用来背负人们想要加在他身上的任何观念。

巴特在第一次世界大战期间仔细阅读了保罗的《罗马书》，写下了《罗马书释义》，在这本书中，他彻底驳斥了一切认为上帝隶属于人的理性的观念。恰恰相反，上帝之为上帝必须完全不同于人类的观念，不应当把上帝看成一个论证得出的结论，更不是人类的一次经验或神秘的探索目标，"从人到神，无路可通"。在创造者和创造物之间有一种无限的质的区别，上帝只能通过他在"《圣经》这个奇妙的新世界"中的启示才能被人认识。除了通过启示（这个启示在耶稣这个最大的悖论中达到顶峰），我们永远无法真正认识上帝。人只有在内心对信仰的承认中才能直接认识上帝。"真理恰恰在于内在性"①，这是索伦·克尔凯郭尔（1813—1855）的《在基督教中培养》中的一句话。克尔凯郭尔强调了人和上帝之间不可弥合的鸿沟，然而这道鸿沟被他称为荒谬的、奇迹般的、绝对的悖论弥合了。这个悖论就是：在基督中永恒者进入了时间，上帝变成了人，对这种

---

① 约翰·鲍克. 神之简史：人类对终极真理的探寻 [M]. 高师宁，等译. 北京：生活·读书·新知三联书店，2015：311.

出于（上帝的主动行动的）恩典的绝对悖论，只存在两种严肃的反应：冒犯，即认为竟然有人提出如此荒谬的事情；或者信仰，即认为确实如此，正如克尔凯郭尔给他的一部著作命名的那样，非此即彼——信仰正是个人内在的无限激情与客观的不确定性之间的矛盾，如果我能够在客观上把握上帝，我就不信仰，但是恰恰因为我不能够在客观上把握上帝，所以我必须信仰。

生活于是变成了一个根本的选择，选择一种像基督那样的生活，这似乎是一件不可能的事。但是在上帝面前，生活的真正基础不是"彻底搞清楚这种生活"，而是充满激情地生活在上帝的世界中。

（8）等待神的来临——海德格尔。

海德格尔（1889—1976）心中所谓的神就是存在。等待神的来临，就是等待存在对他开显。什么是存在呢？

海德格尔是当代西方最重要的哲学家之一，他的影响力极为广泛，他是闻名遐迩的埃德蒙德·胡塞尔（1859—1938）的学生，他继承了胡塞尔现象学分析方法，提出了万事万物的根源——存在。西方自亚里士多德以来，就忽略了存在，把存在物当作存在。天地间的存在物有二：自然的世界与人类的世界。但是，这两者的存在均无必然的理由。世界可能因战争而整个毁灭，人的生命更是短暂，连文化也可能一起毁灭。既然这两者没有最后的保障或内在的根据，它们为什么又会存在呢？因此，深入到这些现象的背后，询问这两个世界存在内在的基础，这就是所谓的"终极世界"，海德格尔把它命名为"存在"。相对于我们的有限，它是无限的；相对于我们的变化万千，它是超越的；相对于我们的浮面，它是根本的。它是使万事万物存在的本源，是绝对之物。

存在可以说类似于老子的道。老子说："道可道，非常道。"（《老子》第一章）因为"道"说不出来，一说出来就不是原来的东西了。但是你又不能不说，而说了之后，又会有遮蔽的可能。

海德格尔又认为：若要掌握"存在"，了解"存在"，只能从提出问题的"存在者"的"存在"着手。谁是提出"存在"问题的"存在者"呢？就是"人"，也只有"人"才可能提出"存在"的问题。而"人"这种存在者之"存在"，就是去了解"存在本身"的唯一线索。海德格尔把人的存在称为"此在"（Dasein）。Sein 即是存在，Da 就是在这个地方、在此之意。故 Dasein 译为"此在"。但是"此"并不是指只活在这个地方，还有"开放"意思。人是宇宙万物中唯一可向世界开放的存在物。因此"开放"之意是指：开放以便让存在本身可以通过人而表现出来。桌子、椅子、花草树木本身，因为它们没有选择不开放的可能，所以它们并无开放的问题。海德格尔认为，山河大地，宇宙万物，即人之外的世界，并没有选择不开放的可能，所以它没有开放的问题；而人有选择的可能，所以人才有开放与否的问题。因此，对人而言，生命是十分特殊的。

Dasein 并不是存在，它要存在，就必须选择成为自己。存在就是选择成为自己的可能性，所以存在就是可能性，我可以选择成为自己，也可以选择不成为自己。海德格尔把人的存在方式分为两种：非本真的存在和本真的存在。只有当我们真诚地面对自己，本真地存在时，存在本身就会通过我们而开显出来。另外，人的存在有三维结构，分别对应着过去、现在和将来，人选择成为自己或不成为自己的这种可能性，是随着时间而开展的。我们每天在时间中不断存在而发展，但不可能一劳永逸地解决存在问题。譬如，我今天选择成为自己，就永远成为自己，这是不可能的。但人是面向死亡的存在者，当我们面对死亡时，我们就会想到真诚、谨慎，过一种属己生活。

存在本身有没有一个具体的指示，让你经常过着属己的生活，而有真诚的表现呢？答案似乎是否定的。海德格尔认为：我与存在的关系是相当微妙的，无法说清楚，但又能加以肯定。他不愿意相信某一宗教的神，可是他又认为自己是在"等待神的来临"，意即等待存在对他开显。

存在怎么开显？存在如果以某种宗教的神或佛来开显，海德格尔会觉得这又落入具体的世界中。这实在是令人为难的心灵态度。但是他又非常真诚，他在 38 岁写了《存在与时间》之后，人们一直在询问："到底什么是存在？"三四十年后，还是找不到答案。以前的人常以宗教信仰来回答，而宗教信仰又很容易落入现实世界的一部分，成为一个偶像或一个机构，反而遮蔽了我们与存在的关系。有时候你信仰宗教，反而离开了存在的根源，因为你把宗教视为现实中的工具来使用，相信自己死后可以升天堂，而这只是自我安慰的心灵幻觉而已。像海德格尔这样的哲学家，就不愿往这一方向走，所以他一直保持开放的态度，等待神的来临，此充满无穷的希望。正是这无穷的希望，使海德格尔影响了无数的学者。

通过以上几位西方哲学家的介绍，可以发现，西方哲学的人生自我走向是离不开神（上帝）的，虽然有来自科学的挑战，但是它也是由基督教信仰滋生出来的，信仰已与理性相融合，共同塑造着他们的人生观。

第三章　中国哲学对人性的解析

第一节　中国的主流文化——儒家

儒家由孔子创立，后来逐步发展为以"仁"为核心的儒家思想体系。儒家的学说简称"儒学"，是中国影响最大的思想流派，也是中国古代的主流意识。儒家思想对中国、东亚乃至全世界都产生过深远的影响。儒家崇尚礼仪教化，认为上天总是会帮助品德高尚的人，强调自我品德的提升，主张"修身、齐家、治国、平天下"，是中国传统文化的主干。

儒家文化源远流长，从先秦儒学到汉代儒学，进而演化到宋明理学以及现代儒学，我们择其具有代表性的人物做简要叙述。

一、儒家学派创始人——孔子

孔子（前551—前479），子姓，孔氏，名丘，字仲尼，祖籍宋国栗邑（今河南省商丘市夏邑县），生于春秋时期鲁国陬邑（今山东省曲阜市）。中国著名的思想家、教育家、政治家，与弟子周游列国14年，晚年修订六经，即《诗》《书》《礼》《乐》《易》《春秋》。孔子被联合国教科文组织评为"世界十大文化名人"之首。

相传孔子有弟子三千，其中有贤人七十二。孔子去世后，其弟子及其再传弟子把孔子及其所有弟子的言行语录和思想记录下来，整理编成儒家经典《论语》。

（一）性相近，习相远

这句话的意思是自性本来是相近的，为什么社会上有恶呢？因为习惯、习俗的影响使大家的差距越来越远。

（二）孔子主张人性向善论

孔子的思想核心是"仁"，他对人没有做具体的定义，而是围绕着"仁"展开实践哲学。怎样做到"仁"？方法就是"克己复礼"。

孔子生活在春秋末期，周天子的位置已岌岌可危，是个"礼崩乐坏"的时代。社会规范被破坏，伦常混乱，人们生活动荡，道德沦丧。所以他感叹道："是可忍，孰不可忍。"（《论语·八佾》）怎样来挽救这个"礼崩乐坏"的危局呢？孔子提出"克己复礼"。孔子强调通过人的自我修养来恢复对于礼这种规范的遵循。

"克己复礼为仁"，即主动地克制自己的行为，使自己的行为符合礼的要求，这就是仁的意义。非礼勿视，非礼勿动，非礼勿听，非礼勿言，以此把大家都纳入礼制的轨道中去，所以孔子提出来的仁是倡导一种道德的自觉。同时，孔子会根据不同的人的特点来告诉对方什么是仁，通过仁来规范这个人的各种行为。比如说，孔子对其弟子提出的"什么是仁"这个问题的回答就各不相同。一次，孔子的弟子樊迟问"仁"是什么。子曰："爱人。"有一次，樊迟又问什么是"仁"，孔子就告诉他："先难而后获，可谓仁矣。"（《论语·雍也》）意思是你先不要想得到什么东西，只有先努力去做，才可以有收获，这样才是"仁"。孔子的另一弟子司马牛也曾问过相同的问题，孔子说："仁者，其言也讱。"（《论语·颜渊》）就是说仁者不是夸夸其谈的人。孔子另外一个弟子子张问他时，他回答说，能够行五者于天下的话就是仁了，哪五者呢？恭、宽、信、敏、惠。可见，孔子对于"仁"的回答都是非常具体的。他会根据每个人不同的情况告诉他什么是"仁"，实际上也就是指出每个人身上的缺点和问题。同样地，在回答什么叫"为政"时，他也是根据每个人不同的情况给出不同的答案。孔子希望通过礼的实施，达到人品性的提高，直至"圣人"的最高境界，从而实现"修身、齐家、治国、平天下"的抱负。

二、儒家性善论的代表——孟子

孟子（约前372—前289），姬姓，孟氏，名轲，字不详，战国时期邹国（今山东省邹城市）人。伟大的思想家、教育家，儒家学派的代表人物，与孔子并称"孔孟"。

孟子认为，人之为人的本质属性在于其道德性——善，这是人与动物的区别。

孟子说的善是指人心中所固有的先验道德属性的萌芽，即四个"善端"："恻隐之心，仁之端也；羞恶之心，义之端也；辞让之心，礼之端也；是非之心，智之端也。"（《孟子·公孙丑上》）在孟子看来，这些"善端"是人天生就有的，因而亦在人性之列。天生天育的众民，做每一件事都有规律，人性也有规律，就是一心向善，犹如水向低处流。人无有不善，水无有不下。在孟子看来，人性向善就是人性本善。他认为人心中有仁、义、礼、智四种道德属性的萌芽，就是善的动机，它能够发展成仁、义、礼、智等道德属性，由于人性中固有的善的动机，所以人性是善的。可以说，孟子是从动机论上推断人性是善的。顺人之善性，人应为善，之所以为恶，是因为外界环境的影响，使人丧失了仁义之心。

三、儒家性恶论的代表——荀子

荀子（约前313—前238），名况，战国后期赵国人，时人尊称其为荀卿，汉时称其为孙卿。年五十，始游学于齐国，曾在齐国首都临淄（今山东省淄博市）的稷下学宫任祭酒。因遭谗而适楚国，任兰陵（今山东省兰陵县）令。以后失官家居，著书立说，死后葬于兰陵。著名学者韩非、李斯均是他的学生。

（一）自然资质为性的性恶论

荀子认为，所谓人性就是人的自然本性，是所谓"生之所以然者"。其自然表现为"饥而欲饱，寒而欲暖，劳而欲休"。其实质就是人天然有的抽象的自然生物本能和心理本能。

荀子认为人的这种天然的对物质生活的欲求是和道德礼仪规范相冲突的。他认为人性"生而有好利焉""生而有疾恶焉""生而有耳目之欲，有好声色焉"，如果"从人之性，顺人之情，必出于争夺，合于犯分乱理而归于暴"（《荀子·性恶》）。所以说人性是"恶"，而不是"善"。

（二）"化性起伪"的道德教化论

荀子认为，凡是没有经过教养的事物是不会为善的。对于人性中"善"的形成，荀子提出"人之性恶，其善者伪也"的命题。荀子的人性论虽然与孟子的刚好相反，可是他也同意，人人都能成为圣人。荀子以为，就人的先天本性而言，"尧舜之与桀跖，其性一也，君子之与小人，其性一也"（《荀子·性恶》），都是天生性恶，后天的贤愚不肖的差别是由于"注错习俗之所积耳"。后天的环境和经验对人性的改造则起着决定性的作用。通过人的主观努力，"其礼义，制法度"，转化人的"恶"性，则"涂之人可以为禹"。

孟子说"人皆可以为尧舜"是因为人本来就是善的，而荀子论证"涂之人可以为禹"是因为人本来是智的。

可以说，荀子把人的先天的自然本性等同于社会道德之恶，没有真实地看到人的自然本性和人的社会性"恶性"之间具有人的意识的造作性。如此将使社会性的"恶行"具有自然存有论的根基，以至于"恶"成为价值的合理性行为。

四、儒家理学的代表——朱熹

朱熹（1130—1200），字元晦，又字仲晦，号晦庵，晚称晦翁，谥文，世称朱文公。祖籍江南东路徽州府婺源县（今江西省婺源县），出生于南剑州尤溪（今属福建省尤溪县）。宋朝著名的理学家、思想家、哲学家、教育家、诗人，闽学派的代表人物，儒学集大成者，世尊称其为朱子。朱熹是唯一非孔子亲传弟子而享祀孔庙，位列大成殿十二哲者之中的人。朱熹是程颢、程颐的三传弟子李侗的学生，曾任江西南康、福建漳州知府，浙东巡抚，做官清正有为，振举书院建设。官拜焕章阁侍制兼侍讲，为宋宁宗讲学。

朱熹著述甚多，有《四书章句集注》《太极图说解》《通书解说》《周易读本》《楚辞集注》，后人辑有《朱子大全》《朱子集语象》等。其中《四书章句集注》成为钦定的教科书和科举考试的标准。

（一）性即理

理即天理，从宇宙本体论推演出人性论，肯定人的道德本性源于宇宙本体，建立了人性的超越性依据。

问题的阐释呈现两条逻辑进路：第一，沿着人的生而有之的自然情欲寻求天命依据；第二，沿着人的内在德性寻求其天命依据。先秦儒家还构建了以道德为核心的道德人性论以及性命学说，强调人的德性存在，以人的道德实践行为确立形而上的依据。

儒学集大成者朱熹在此基础上，建立起自己儒学形而上的哲学体系。朱熹赞成孟子的性善论，但批评孟子"只见得大体处，未说得气质之性细碎处"（《朱子语类》卷四）。这就是说，性善论只看到"天命之性"的善，而遗忘了此性必须落在实在人的"气质"之中，所以未能从理论上圆满地说明善恶从何而出的问题。

朱熹认为，性即理。他说："性者，人之所得于天之理也。"（《孟子集注》卷十一）认为人性不过是天理的赋予。又说："性即理也。当然之理，无有不善者。故孟子之言性，指性之本而言。然必有所依而立，故气质之禀不能无浅深厚薄之别。"（《朱子语类》卷五）朱熹认为"天理"赋予人为性是性的本然状态，纯粹至善，故而叫作"天地之性"，但天理必须安顿在"气质"上，由于气质有清浊厚薄之不同，故而使人性表现出差异来，这种体现在气质中的人性，叫"气质之性"，是性之实然状态。"天地之性"是本然之性，显现的是宇宙之绝对道德性，"气质之性"则是呈现于外的具体情态，是"天地之性"之发用。"天地之性"和"气质之性"是"理一"和"分殊"之关系。

（二）心统性情

朱熹认为，心是意识思维活动的总体范畴，其内在的道德本质为"性"，而其具体的情感思虑为"情"。"仁、义、礼、智，性也，体也；恻隐、羞恶、辞让、是非，情也，用也。统性情、该体用者，心也。"（《孟子集注》卷三）意思是心既包含仁、义、礼、智四德之性，又蕴含恻隐、羞恶、辞让、是非四德之情。朱熹还认为，心主宰性情。心不仅包含道德理性和道德情感，而且处于主宰地位。他说："性者，心之理；情者，性之动；心者，性情之主。"（《朱子语类》卷五）朱熹通过人的道德意志和情感欲望的精细分析，提出了"心统性情"的思想，把人的情感和德性都归于心的统御，树立起主体的意志结构，完成了道德化主体的构建。

五、儒家心学的代表——王守仁

王守仁（1472—1529），幼名云，字伯安，别号阳明。浙江绍兴府余姚县（今属宁波余姚）人，因曾筑室于会稽山阳明洞，自号阳明子，学者称之为阳明先生，亦称王阳明。明代著名的思想家、文学家、哲学家和军事家，陆王心学之集大成者，精通儒家、道家、佛家。弘治十二年（1499）进士，历任刑部主事、贵州龙场驿丞、庐陵知县、右金都御史、南赣巡抚、两广总督等职，晚年官至南京兵部尚书、都察院左都御史。因平定宸濠之乱而被封为新建伯，隆庆年间追赠新建侯。谥文成，故后人又称其王文成公。

王守仁（心学集大成者）与孔子（儒学创始人）、孟子（儒学集大成者）、朱熹（理学集大成者）并称为孔、孟、朱、王。

王守仁的学说思想王学（阳明学），是明代影响最大的哲学思想。其学术思想传至中国、日本、朝鲜半岛以及东南亚，立德、立言于一身，冠绝一时。弟子极众，世称姚江学派。其文章博大昌达，行墨间有俊爽之气，著有《王文成公全书》。

（一）心即理："心外无物""心外无理"

"心者身下主宰，目虽视而所以视者，心也；耳虽听而所以听者，心也；口与四肢虽言动而所以言动者，心也，凡知觉处便是心。""心"即"我的灵明"，"我的灵明便是天地鬼神的主宰"，"离却我的灵明，便没有天地鬼神万物了"。(《传习录（卷下）》)"位天地，育万物，未有出于吾心之外者。"(《紫阳书院集序》)

先生游南镇，一友人指岩中花树，问曰："天下无心外之物，如此花树在深山中自开自落，于我心亦何关？"先生回答说："你未看此花时，此花与汝心同归于寂；你来看此花时，则此花颜色一时明白起来，便知此花不在你的心外。"(《传习录（卷下）》)

"夫万事万物之理不外于吾心"，"心明便是天理"。"意在于事亲，即事亲便是一物；意在于事听言动，即事听言动便是一物。所以某说无心外之理，无心外之物"(《传习录（卷上）》)，"且如事父，不成去父上求个孝的理；事君，不成去君上求个忠的理；交友治民，不成去友上民上求个信与仁的理。都只在此心，心即理也"(《传习录（卷下）》)。"心"不仅是万事万物的最高主宰，也是最普遍的伦理道德原则。最高的道理无须外求，从自己心里即可得到。

（二）知行合一

人们常常认为"知先行后"，王守仁提倡即知即行，知行合一。王守仁说："心虽主于一身，而实管乎天下之理；理虽散在万事，而实不外于一人之心。……外心以求理，此知行之所以二也。求理于吾心，此圣门知行合一之教，吾子又何疑乎？"(《传习录（卷中）》)"知行如何分得开？""知之真切笃实处即是行，行之明觉精察处即是知。"(《答顾东桥书》)"今人学问，只因知行分作两事，故有一念发动虽有不善，然却未曾行，便不去禁止"，"我今说个知行合一，正要人晓得一念发动处，便即是行了。发动处有不善，就将这不善的念克倒了，须要彻根彻底，不使一念不善潜伏在胸中，此是我立言宗旨"。(《传习录（卷下）》)实质是恪守儒家伦理，成为圣人。

（三）致良知

"无善无恶是心之体，有善有恶是意之动，知善知恶是良知，为善去恶是格物。"

心本无善恶之分，之所以有善恶是因为意念和思想在活动。能正确分辨善恶是良知，能从善去恶才能真正做到格物。

王守仁认为，想要致良知，本体和功夫不可偏废。理是本体，是心学的根本智慧；事是功夫，即具体修学实践。一个修行的人如果对根本智慧毫无体悟，就会盲目瞎练，就像六祖慧能所说："不见本性，修法无益。"同样，若是一个人以为悟到了本体就不必在日常生活中老实用功，便会凌空蹈虚，沦为光说不练的假把式。

第二节　自然无为——道家

道家思想始于春秋末期的老子，用"道"一词来概括这个学派始于汉初。道家思想一度成为汉王朝的治国思想，但从汉武帝时期起，儒家思想成为治国的主导思想，并被后世帝王采纳，道家思想逐渐"退居二线"，从此成为非主流思想。尽管如此，道家思想仍对中国传统文化产生了重要影响，尤其在兵法和中医方面，其核心思想是要遵循天地万物的自然本性，强调自然无为，反省自己，因势利导。

一、道家的创始人——老子

老子（约前571—前471），字伯阳，谥号聃，又称李耳（古时"老"和"李"同音；"聃"和"耳"同义），曾做过周朝"守藏室之官"（管理藏书的官员），是中国伟大的哲学家和思想家之一，道家学派（道家学说）创始人，著有《道德经》一书，是道家学派的经典著作，他的学说后被庄周加以发展。道家后人将老子视为宗师，与儒家的孔子相比拟，史载孔子曾向老子请教关于礼的问题。唐朝武宗时期老子被定为"三清尊神"之一太上老君的第十八个化身，但是早期的道士却认为老子是太清神的手下。老子与后世的庄子并称"老庄"。

（一）道

老子说："有物混成，先天地生。寂兮廖兮，独立而不改，周行而不殆，可以为天地母。吾不知其名，强字之曰'道'，强为之名曰'大'。"（《老子》第二十五章）意思是说：有一种东西混沌一片，比天地更早存在。它独立运行在宇宙之中。它可以作为一切的本源，我不知道这东西的名字，勉强称之为"道"，勉强形容的话，就是"大"。

道是一切的起始与归宿。道存万物之中，是永恒不变的，宇宙万物从道生，最后归于道。

（二）人性自然

"人法地，地法天，天法道，道法自然。"（《老子》第二十五章）道就是自然，自然就是道。这里的自然，不是指自然界，而是指"自然而然"，也就是整个宇宙或者说是天地万物的一个根本特性，指它的本来面貌。

"道生一，一生二，二生三，三生万物。"（《老子》第四十二章）道在万物中，道在万物自然本性中显现。所以人性也包含道，遵循道的法则。

"道之尊，德之贵，夫莫之命而常自然。"（《老子》第五十一章）他说这个"道"为什么那么可尊呢？"尊"者，尊重也，高也。这个"道"是那么高远，那么伟大，那么了不起！"德"是由"道"发出来的，又是那样的宝贵。这一切是谁做主的？上帝吗？菩萨吗？还是阿拉？到底哪个做主？"夫莫之命"，其中生命的根源，那是自己本身的一个力量，是至善"而常自然"的。没有另外一个人做主，没有另外一个力量，没有谁的命令，是"道"本身有如此的功能。

"德"是人性中"道"的体现，在人类个体中，最能体现人性自然本性的是婴儿。"含德之厚，比于赤子。"（《老子》第五十五章）婴儿是人类的最初状态，尤其是刚出生的婴儿，没有经过社会的浸染，没有经过社会化，一切依自然本性行事，最能表现人类的本性。人之初，既不是本善，也不是本恶，而是本"自然"。这就是老子的人性自然论。

（三）道常无为

"生而不有，为而不恃，长而不宰。"（《老子》第十章）就是说万事万物在那儿生长，但是你不据为己有；你可以做很多事，但是你并不认为自己有多了不起；万物在那儿生长，你也不去主宰它。这就是无为的状态。老子强调自然无为，自然是强调尊重事物的本性，无为是强调不要以人的意志去干扰事物发展的方向，应该因势利导。所以，无为不等于无所作为，而是要积极地引导，是无为而无不为。

老子认为，如果遵循万事万物自然发展的规律，那所做的事情自然就会取得成功。不是通过干涉什么、改变什么得来的，而是自然而然得来的，谁都不会感到不舒服，而获得成功的人呢，也不居功自傲，正所谓"为而不恃，长而不宰"。

二、游心于无穷——庄子

庄子（约前369—前286），战国中期哲学家，庄氏，名周，字子休（一作子沐），蒙（今安徽蒙城，又说河南商丘、山东东明）人。我国先秦

（战国）时期伟大的思想家、哲学家、文学家。

庄子原系楚国公族，楚庄王后裔，后因乱迁至宋国，是道家学说的主要创始人。庄子与道家始祖老子并称为"老庄"，他们的哲学思想体系被思想学术界尊为"老庄哲学"，然庄子的文采更胜老子。其代表作《庄子》被尊崇者演绎出多种版本，名篇有《逍遥游》《齐物论》等，庄子主张"天人合一"和"清静无为"。

"南海之帝为倏，北海之帝为忽，中央之帝为混沌。倏与忽时相与遇于混沌之地，混沌待之甚善。倏与忽谋报混沌之德，曰：'人皆有七窍，以视听食息，此独无有，尝试凿之。'日凿一窍，七日而混沌死。"（《庄子·应帝王》）

庄子认为人的本性是朴素的、本真的，是由于外力开出七窍，使人有了感觉欲望，却导致人的死亡。由于人的身体器官内在于人的生命中，人不免死亡和堕落，但人性是本真的、美的。

"泰初有无，无有无名。一之所起，有一而未形。物得以生，谓之德；未形者有分，且然无间，谓之命；留动而生物，物成生理，谓之形；形体保神，各有仪则，谓之性；性修反德……同乎大顺。"（《庄子·天地》）

此文认为万物演化的过程是由无到有，经历着德、命、形、性几个阶段而不断发展的过程。兹依文序将道的创生历程中的几个重要概念解说如下：①宇宙始源"无"只是浑然一体，无形无状（"有一而未形"）。"泰初有无"的"无"，乃是喻指道之无意志性、无目的性、无规定性；所谓"一"则意指道的整体性以及万物的一体性。②万物得道而产生，称为"德"（"物得以生，谓之德"）。稷下黄老道家进一步阐释"德"乃道的体现，万物借它得以生生不息地运行着（《管子·心术上》云："德者，道之舍，物得以生生。"），庄子在《大宗师》中直接称道为"生生者"。③在道的创生历程中，由浑一状态开始分化，"德"虽然和"道"一样未成形体，但已开始有阴阳的区分（"未形者有分"），保持着流行无间的状态，而且有机地联系着，这叫作"命"。④道是不断地变动、分化而生物的，物形成了各自的生理结构（"物成生理"），这叫作"形"。⑤形体中寄寓着精神，各物具有自身的存在样态，这叫作"性"（"形体保神，各有仪则，谓之性"）。以上《庄子》论述的人有关道德与性命的来源，乃是在《老子》道德论的基础上，进一步探寻万物生存的内在根据和万物千差万别的成因。

道之真，而人之真，道之好美，人之好美。

第三节　自我解脱——佛教

佛教发源于古印度，自汉末历魏晋南北朝三百余年间，逐渐兴盛，在与中国传统文化的磨合中，佛教在形式和理念上都发生了很多变化，变得更加本土化。佛教注重人性的净化，提倡内省，反求诸己，这和中国文化的向内精神正好契合，使得佛教得以在中国延续流传了两千多年，并对中国的语言、文学、民众的精神生活，甚至是儒教和道教产生了较大的影响。

一、佛教的创始人——释迦牟尼

佛教的创立者释迦牟尼（佛陀），是古代中印度迦毗罗卫国的释迦族人，是国主净饭王的太子。俗名乔达摩·悉达多，成道后，被世人尊称为"释迦牟尼"，意思为"释迦族的贤哲"。

（一）性空论

乔达摩·悉达多王子抛弃了所有荣华富贵，出家当了一名沙门，一心寻求"解脱生死"之道。一日，他终于在菩提树下悟道：一切就是缘起缘灭，无常无我就是空。

他观照自身，看见自己的身体、感受、思想，都像是生灭之流中的一滴水，旋生旋灭，旋起旋落。他无法在身心中找到任何一物是永恒不变的。再观世间的一切，既没有任何东西不是依照因缘条件的聚合而生起，也没有任何东西不是由于因缘条件的离散而坏灭。小到一只蚂蚁、一朵花、一棵树，大到一个王朝、一个国家、一种文明，莫不是缘起法则中生（诞生）、住（存在）、异（变异）、灭（消亡）。然而，世人把无常变化的东西视为恒常，因而没有的时候就逐求，得到的时候就贪婪，失去的时候就痛苦，然后，就有了烦恼、忧愁、愤怒、嫉妒、傲慢、仇恨……

现象世界没有恒常性，一切事物，没有一个是不死的，都有生老病死、成住坏空的过程（无常）；一切事物都是因缘聚合而成，对于某个事物来讲，无非就是因缘而已，并不具独立的实体（无我）。一切现象世界的真实面貌就是无常无我，其实就是不真。这个不真就是幻有，对应的就是性空。

（二）解脱之道

解脱之道就是要破除我执，达到觉悟。因为所有苦难的根源在于人不认识事物的本性。宇宙万物乃是各人自己内心所造的景象，因此它是"幻相"，只是昙花一现。但是由于自己的无知而执着地追求，这种无知导致"贪欲"，又"执迷不悟"，这便把人紧紧缚在生死轮回的巨轮上，无法逃脱。

要从生死轮回中解脱出来的办法便是觉悟。人觉悟之后，不再贪恋世界、执迷不悟，而是无贪欲、无执着；这样人便能从生死轮回之苦中解脱出来，这个解脱便称为"涅槃"。"涅槃"就是说，个人与宇宙的心（宇宙的心即佛性）融合为一。个人本来与宇宙本性是一体的，他就是宇宙本性的表象，只是人先前不认识这一点，或者说，不曾意识到这一点。

二、佛教在中国的一个分支——禅宗

佛教到了中国，分化出了很多宗派。禅宗是最具特色的中国佛教。坐禅、修禅是佛教一种很普遍的形式，但是禅宗却把它变成了自己宗派的称号，就是因为它破除了禅的外在形式，不执着于坐禅，而强调禅应体现在生活的各个方面。

禅宗认为，行、坐、住、卧里面都有禅，挑柴担水也有禅，禅就存在于日常生活中。也就是说，所有的烦恼都是外来的，你内心本来是没有的。如果你没有觉悟到这一点，那么处处是烦恼，因为你总把烦恼当成自己的。但如果你觉悟了这一点，就不会再为烦恼所扰了。为什么呢？本性清净嘛。就像那句话说："世上本无事，庸人自扰之。"

（一）禅宗的创始人——菩提达摩

菩提达摩于南朝宋末（520—526）来到中国，把释迦的心法传授给慧可（487—593），是为中国禅宗的二祖，又经唐僧璨（？—606）、道信（580—651），传到五祖弘忍（605—675）。弘忍的弟子神秀（706年卒）创立北派，弟子慧能（638—713）创立南派。南派在传播中压倒北派，后来禅宗势力渐显，各派都祖述慧能的弟子，推崇慧能为六祖。

（二）明心见性

禅的根本核心就是把握本性的清净、原无烦恼的境界。按照传统的说法，释迦所传授的佛法，除见诸佛经的教义之外，还有"以心传心，不立文字；直指人心，见性成佛"的"教外别传"。

禅宗信仰的要义是什么？可以用两首偈子来体会。

弘忍五祖知道自己的大限将到，召集所有的弟子各以一首诗偈来概括禅宗信仰要义，体认最好的就继承他的衣钵，神秀的诗偈是：

> 身是菩提树，心如明镜台。
> 时时勤拂拭，勿使染尘埃。

慧能针对神秀的诗偈，写了以下这首诗偈：

> 菩提本无树，明镜亦非台。
> 本来无一物，何处惹尘埃。

据说弘忍赞许慧能的诗偈，把衣钵传给了慧能。

神秀的诗偈所强调的是宇宙心，慧能所强调的是"无"或"空"。所以在禅宗里有两句常说的话："即心即佛""非心非佛"。神秀的诗偈表达的是前面一句，慧能的诗偈表达的是后面一句。北宗（神秀）强调渐悟，慢慢做功夫，一步一步达到明心见性，见到人性的本来。南宗（慧能）强调顿悟，立刻明心见性、立地成佛，不分男女老幼，每个人都可以是圣人，都可以得道，众生平等。

人性问题是中国文化的一个重要问题，我们重点分析了儒家、道家和佛家。儒家讲究的是存心养性，道家强调的是修心炼性，佛家提倡的是明心见性。虽然现在出现了认知科学与生命科学，但关于人的自性问题，仍然是一个谜。我们主要从心性的行为来推断它可能的状态和存在方式。

第四章 东西方自我理想人性之建构

第一节 文明的起源与发展

据考古发现，人在漫长的进化史中，共出现人属人种 15 个，其中 14 个人种（鲁道夫人、能人、先驱人、直立人、匠人、海德堡人、尼安德特人、克罗马侬人、弗洛里斯人、爪哇猿人、格鲁吉亚人、西布兰诺人、丹尼索瓦人、罗德西亚人）都灭绝了，只有智人存活下来。这就是现代人的祖先——智人。智人大约在 20 万～30 万年前起源于非洲，并从非洲向世界各地迁移。

智人在世界各地定居之后，地理环境的不同，造就了不同的生活习惯。不同的生活习惯形成了不同的文化，不同的文化又孕育了不同的文明。

从人的起源来看，东西方人并不是不同的人种，而是可以进行生物学的基因交流，正常繁育后代，也就是说，我们的祖先是一样的，生物学特性是一样的。为什么东西方却有不同发展方式和人性理解，难道仅仅是由于不同的地理环境、气候及经济条件？除了这些外部环境之外，有没有内因？我国哲学家冯友兰认为，地理、气候、经济条件都是形成历史的重要因素，这是不成问题的，但是我们心里要记住，它们都是历史成为可能的条件，不是使历史成为实际的条件。它们都是一场戏里不可缺少的布景，而不是它的原因。使历史成为实际的原因是求生的意志和求幸福的欲望。但什么是幸福？人们对这个问题的答案远非一致。这是由于我们有许多不同的哲学体系、价值标准，从而有许多不同类型的历史。

我们来看看目前世界上保存下来的文明类型的终极价值标准。

根据德国哲学家雅斯贝尔斯（1883—1969）的研究，公元前 800 年至公元前 200 年间人类文明的革命性变化——轴心突破孕育了现代社会。每当人类社会面临危机或新的飞跃，都必须回顾轴心时代，让文化再次被轴心突破的精神火焰所点燃。换言之，在人类文明起源的研究中，对当下更为重要的是追溯轴心文明的起源。

雅斯贝尔斯提出轴心文明的假说，也就是公元前数百年间出现了几个与消逝的古文明不同的不死的文化。目前，基本公认轴心时代形成了希伯来宗教、古希腊的求知理性、印度宗教和中国儒家这四种基本类型。

历史上很多古文明都消失了，只有这四种文明形态被保留下来，原因是什么？西方学术界用文化上的超越突破来解释。

研究表明，社会就像一个巨大的有机体，文化就是有机体的基因，赋予有机体的形神、样貌等，如同有机体必然死亡那样，没有一个社会有机体可以万古长存，一旦文化和社会有机体不可剥离，随着社会有机体的腐败和解体，附着于社会有机体上的文化基因也会随之消散，必定发生文化灭绝。

但是有些文化具有强大的生命力，能抵抗住内在和外在的压力，被一代代人传递下去，它有独立于社会有机体而基于个体而存在的终极价值，就像个体里的基因一样，不会因社会的灭亡而消失，它具有超越个体生命的永恒意义。

所谓终极价值，是指个体走出社会面对死亡的拷问时，找到的那些可以超越个体生命的永恒意义。不同的文明对有关个体生命的终极价值的"大哉问"，有不同的回应方式，由此产生了不同的超越突破。

实现文化超越突破有两个关键要素。我们来比较先秦儒道两家，撇开两家主张相反的价值内容，抽象地看，儒道两家实现超越突破有两个共同前提：第一，都立足于不依赖社会的个体的精神觉醒和努力；第二，这种觉醒是源于认识到有超越个体生命的、非功利的、不死的价值，并以此种价值作为生命意义和永恒追求。

推而广之，任何文明，只要其思想文化具备了这两种精神要素，该文化就产生了突变，产生了基于个体的不死的文化基因。从此以后，哪怕整个社会毁灭，从原则上来说，只要有一个具有这种文化基因的个体或家庭存在，这种文化基因就不会随着社会解体而消亡，它可以通过一代代人的不断传承，成为不死的活的文化。这就是文化的超越突破。

面对生死"大哉问"，有多少种回应方式？理论上看，只有四种可能性。首先，在追求终极价值的取向上只有两种选择：第一，追求的价值在此世；第二，不在此世，在彼世。其次，独立于社会的个人靠什么力去追求这个终极价值，也只有两种选择：一是靠个人自己的力去追求，二是依靠外在的非社会力来实现。这个外力可能是神秘力量或者是认知自然的知识。

以上两个方面各有两种选择的可能，两两相乘，总共只有四种可能性。这四种组合形成了不同文化的超越视野，构成了超越突破的四种基本类型。

表4-1 文化超越突破的四种类型

	离开此世	进入此世
依靠外在的力量	希伯来宗教对救赎的追求	古希腊对理性认知的追求
依靠自己的修炼	印度宗教对解脱的追求	中国对道德价值的追求

这四种选择中的任一种选择，都至少有一个构成要素是和其他选择相反的。这也就规定了一种选择自成一种固定的发展方向，它们是各自独立而不相交的。某一文明一旦开始选择了这四种类型中的一种，就会顺着该方向走下去，形成自己独特的不死的大传统，直到和另一种文化碰撞而发生变化。

此外，正如道家价值和儒家价值二者相反，但仍然同属于中国式的超越视野那样，在其他超越突破文明的同一超越视野中，也有不同的选择和价值追求。例如，犹太教、基督教和伊斯兰教，同属希伯来超越视野。印度宗教有婆罗门教，有否定婆罗门教的佛教等宗教。在以理性地追求知识为终极关怀的古希腊文化中，如果把柏拉图的理性论视为主要形态，对其否定构成两种倾向，一个是唯物论，另一个是怀疑论。

下面，我们看看东西方在这四种超越突破文明中理想人性的建构历程。

第二节 西方文化中理想人性的建构方式

在四种超越突破的文明中，西方采取依靠外在的力量，或者说外求的方式来建构自己理想的人性。西方文化的源头来源于希伯来宗教中的基督教和古希腊的理性。

一、基督教——希伯来的救赎宗教

所谓的救赎宗教，其要义是：人在绝对孤立无助的情况下，不追求此世利益，只渴望自己的灵魂得到救赎；而个人又无能为力，无法依靠个人之力来达到这一目标，必须依靠外在的神秘力——上帝，才能获得救赎。

这种救赎精神最早出现在犹太教中。希伯来宗教的上帝是无所不能的唯一的人格神，神是外在神秘力的代名词。就皈依神秘力这种心灵状态而言，神是不可思议的；所以多神没有意义，一神就足够了。

讲到希伯来宗教的上帝时，一定要知道其背后的精神，这种精神就是个人只有依靠非社会的外在神秘力（上帝），才能从这个苦难世界中得到解救，获得永生。在这种超越视野中，存在三种不同的终极关怀，相应有三种救赎宗教，它们是犹太教、基督教和伊斯兰教。它们具有相同的超越视野，亦可统称为希伯来宗教。

基督教在精神上和犹太教一脉相承，具有同样的心灵状态，都信奉《希伯来圣经》。《圣经》记录了人追求救赎的过程以及上帝对人的要求，犹太教的叫《旧约》，基督教的叫《新约》。基督教和犹太教主要有两点区别：一是犹太教认为只有《旧约》提到的以色列民才是上帝的选民；而基督教认为人人都可以皈依上帝得到救赎，实现了救赎的普世化。二是虽然犹太教把离开此世的救赎视为最终价值，但并没有完全否认此世价值；而基督教则完成了彻底离开此世的转向，这就是《启示录》中的末世论。基督教认为，世界末日、最后审判随时都可能来临，这个世界毫无意义。

继犹太教、基督教之后，伊斯兰教进一步发展了希伯来宗教。作为该超越视野的第三种终极关怀，伊斯兰教与基督教又有什么不一样呢？有两点不同。希伯来宗教有"弥赛亚"传统，弥赛亚是上帝派到人间救世的使者。犹太教的弥赛亚是摩西，基督教的耶稣不仅是弥赛亚，还是神本身，他们是上帝派到世间来告诉人们真理是什么，怎么样才能得到救赎的。最晚出现的伊斯兰教也承认以前的弥赛亚，但又认为穆罕默德（约570—632）是传达上帝旨意的最后一个使者，以后再也不会发生这样的神迹了。因此穆罕默德被称为"封印使者"。这是伊斯兰教和犹太教、基督教第一个不一样的地方。

第二个不同之处是伊斯兰教完成了救赎宗教的入世转向，这一点很重要。正因为基督教对此世完全没有兴趣，所以它才能够与古希腊和古罗马的法律精神结合，产生了西方的法治精神，即法律规范高于具体的价值。而伊斯兰教教义则主张"两世吉庆"，除了追求神的救赎外，伊斯兰教还要在此世建立公正的社群，"乌玛"是这种社群的专有名词；伊斯兰教还以安拉神意来制定此世法律。所以在希伯来的超越视野中，伊斯兰教最具有入世精神。因此，伊斯兰教问世不久就可以建立起庞大的帝国。

二、理性——古希腊认知理性

如果超越视野所追求的终极价值在此世，实现该价值不是依靠某种外部神秘力，也不是凭个人内心的感悟和修炼，那么只能是以理性追求知识，认识自然规律，以认知为终极关怀。"进入此世"和"依靠外部力"的组合构成第三种类型的超越突破：人以理性追求知识为终极关怀，这就是古希腊的超越突破精神。

为什么"依靠外部力"和"追求此世终极价值"的结合，可构成古希腊的超越突破？简单地说，当孤独的个人不是凭个人内心就能推知善（道德）或正确与否的标准时，就只能用求知作为个人在此世生命的最高价值。认识自然法则同样不需要靠社会力，它和道德追求一样是个人的事。知识追求和道德追求有一个根本不同：道德追求中善的体悟靠个人内心就够了；知识追求则不同，对还是错有外部客观标准。为此，人必须去认识自然法则，依靠认识外部（非社会的）规律而达到最终价值，这是"知识就是意义、就是力量"的基本含义。

如前所说，超越突破必须寻找一种可以超越个人生死的终极价值，古希腊人所追求的此生的意义是认知，也就是我们现在讲的理性主义，它可以解决生死问题吗？需要强调的是，古希腊哲人追求的知识，是包括了人生意义问题的，生死当然在其中。在柏拉图那里，追求知识作为终极关怀，目的是要永生，这和我们今天讲科学、理性不是一回事。柏拉图的这种精神可以与基督教结合，也可以与法律精神结合。

西方法律精神背后的价值是理性和正义，它和道德精神有基本的不同。判别正义必须依靠外在标准，而道德判断靠的是内心良知。古希腊把法律视为自然规律的一部分，和其独特的超越视野有关。古希腊超越突破的实现，有多种文化因素的汇集，有古埃及、两河流域文明的影响，有人神同形的古希腊神话和荷马史诗等，最后，形成了古希腊的科学和哲学。这是一条追求知识、认识自然律并以自然律来理解人和社会的发展过程。

（一）理性精神与基督教精神相融合

基督教诞生于公元 1 世纪，最初基督教受到罗马帝国打压，但是基督徒的殉道精神，最终征服了罗马帝国，公元 313 年，罗马帝国颁布"米兰赦令"，宣布基督教合法，从此基督徒就可以在帝国内自由活动和传教。公元 380 年，罗马皇帝狄奥多西一世将其定为国教。公元 395 年，罗马帝国一分为二：东罗马和西罗马。东罗马帝国又称拜占庭帝国，直到 1453 年 5 月 29 日，奥斯曼帝国苏丹穆罕默德二世率军攻入君士坦丁堡（今为伊斯坦布尔），东罗马帝国正式灭亡。西罗马帝国于公元 476 年崩溃，欧洲进入封建社会，入侵的蛮族建立了大大小小的封建王国。蛮族文化水平很低，没有自己的文字，但陆续接纳了基督教。从 6 世纪到 10 世纪，欧洲处于黑暗时代，生产力低下，学术之光几乎熄灭，只有教会中人读书识字，保留了一点点古典学术的遗产。基督教会维持西方文明香火。可以说，从公元5世纪西罗马帝国衰亡到15世纪文艺复兴初现曙光，西欧这一千年间的文明火炬主要由基督教所擎。

但是在此期间，特别是1096—1291年近两百年的十字军东征，促成了拜占庭所保留的希腊文明、阿拉伯文明以及通过阿拉伯人传播到欧洲的中国文明与欧洲人所继承的基督教文明的交流和融合，并成功地将希腊理性融入基督教精神，为三百年的文艺复兴和现代科学的诞生提供了条件。

1. 基督教精神与柏拉图主义的第一次融合

基督教成功地在罗马帝国生根之后，基督教的护教思想家开始正视信仰与理性的关系问题，并逐渐形成了"婢女论"，即作为异教学术的理性哲学仍然可以为基督教神学所用。以奥古斯丁为代表的教父哲学家强调，信仰先于理性，高于理性，没有信仰就谈不上理性。哲学和神学都追求真理，但哲学只能获得低级的真理，没有信仰的哲学不可能获得终极真理。哲学如果能够为神学服务，用来论证神学，为信仰做准备，则仍是有价值的。总之，理性是信仰的手段（"信仰寻求理解"），信仰是理性的目的。没有理性的信仰是盲从和迷信，没有信仰的理性毫无意义。

奥古斯丁生于罗马帝国的衰落时期，他目睹了整个文明世界被野蛮部落所摧毁。他写有巨著《上帝之城》，提出每个人都同时是两个不同城池的公民：一个是建立在真理基础上的永恒不变的上帝之城，另一个是建立在错误价值基础上的瞬息万变的尘世之城。人类同时生活在这两个城池之中。可以看出，这一提法与柏拉图的两个世界说并行不悖。

在基督徒看来，任何与基督教相抵触的东西都是异端邪说，正是这些思想促使奥古斯丁在论述中对哲学加以详尽分析。他一向认为，与宗教启示相比，哲学只是次要的。不过，他那些最出色的哲学思想却是精妙绝伦的。就此而言，他相当完美地实现了自己的目标，就是把柏拉图哲学和新柏拉图哲学融入基督教关于现实的本质观念中。柏拉图认为，真正的知识与时间无关，是至高至善的非物质存在，我们通过感官以外的东西才能加以认识；人的一部分也是超时间和非物质的，属于至高至善的存在领域，而人的身体则是感觉世界中转瞬即逝的、腐朽衰败的物质，感觉世界中的所有物质都是转瞬即逝、腐朽衰败的。因此，对感觉世界的认识不可能是固定的、真实的和持久不变的，而只是转瞬即逝的幻象。所有这些思想，以及柏拉图的其他学说，都是基督徒耳熟能详的，以至许多基督徒以为，尽管基督并没有阐述这些思想，但它们在某种意义上却是基督教的首创，应当被看作基督教本质的组成部分。

奥古斯丁代表了理性与信仰、哲学与神学早期的结合方式。

2. 基督教精神与亚里士多德理念的第二次融合

到了 11 世纪，出现了经院哲学，理性与信仰的结合方式开始发生重大变化。其实质是用理性的方式对基督教教义进行论证。经院哲学起于安瑟尔谟（约 1033—1109），托马斯·阿奎那集其大成，奠定了中世纪后半期基督教神学、哲学的基础。

经院哲学出现的背景是亚里士多德思想的全面复兴。随着大翻译运动的蓬勃发展，希腊科学和哲学经典以及阿拉伯学者的注释被译成拉丁文，使欧洲人大开眼界。面对博大精深的异教学术，基督教思想家感受到压力：重新结合理性与信仰、协调希腊学术与基督教教义的任务摆在他们面前。

亚里士多德是一位百科全书式的思想家，在形而上学、自然哲学、伦理学、政治学、诗学等诸多学科领域都有原创性贡献。更重要的是，他的思想不仅具有开创性，而且具有内在的融贯性，他在任何一个单独学科的思想都受到其他学科相关思想的支持。除非对他全盘否定，否则单独否定某一个局部的观点是很困难的。伊斯兰思想家阿威罗伊对亚里士多德佩服得五体投地，他说："亚里士多德的教导是至高的真理，因为他的思想是人类思想的最终表达。"基督教思想家对亚里士多德也是推崇备至，阿奎那认为，"亚里士多德已经达到了人的思想不借助基督教信仰所能达到的最高水平"。

然而，亚里士多德所代表的希腊思想与《圣经》在许多方面存在根本的差异。最大的差异可能是，希腊人认为宇宙是永恒存在的，无始无终，而基督教信奉创世思想。这也是最难调和的一个矛盾。亚里士多德从理性出发，认为假若宇宙有一个开端，我们必然会追问这个开端的原因，而这必然会导致无穷后退，不如假定无始无终更加合理。

到了 13 世纪，神学如何与亚里士多德学说和平共处成了问题。1240—1270 年，宗教哲学家大阿尔伯特（约 1200—1280）和托马斯·阿奎那对其进行了综合。

这个时期，神学家中的一些新派人物倾向于提升理性的地位，将之从神学的婢女地位提高到与神学并列。经院哲学之父安瑟尔谟曾经企图综合理性与信仰，基于理性证明上帝存在。用理性"证明"上帝存在与单独地"相信"上帝存在之间存在着原则性区别，"证明"的引入意味着理性地位的极大提升。安瑟尔谟认为，哲学与神学之间没有清晰的界限。最高的哲学就是神学，而神学是最高级的科学形态。安瑟尔谟规定了经院哲学的基本目标，即为基督教教义提供理性论证和支持。作为基督教思想家，他们相信，只凭借理性并不能发现真理，但的确可以理解真理。

1247年，大阿尔伯特开始对亚里士多德的所有著作进行注释。他明确区分了神学和哲学的适用范围，提出自然哲学的自治问题，不再把哲学看成神学的婢女。大阿尔伯特的学生托马斯·阿奎那进一步强调，哲学和神学是相互独立的学科。哲学的基本原则是理性，神学的基本原则是信仰，信仰不能为理性所证明，它们是相互独立的。阿奎那通过对亚里士多德的著作进行基督化，把理性精神系统全面地引进基督教神学中，使得神学逐渐发展成一门亚里士多德意义上的科学。阿奎那在《神学大全》中提出了把神学看成一门科学的观点："我们必须牢记，科学有两种。其中有些是基于那些因理智的自然之光而了解的原理，比如算术与几何之类。还有一些是基于更高级的科学所得出的法则，就如同光学是基于几何学所构建的法律，音乐是基于算术所构建的法则。所以，神圣学说也是一门科学，因为作为它的基础的原理，来自一门更高级的科学，上帝与圣人们的科学。""不管是因其更高的确定性，还是其研究对象更崇高的地位，有一门理论科学被认为比其他任何科学都要高尚。"这样一来，神学与哲学作为科学的不同门类就成了并列的、相互独立的学科。这是神学自奥古斯丁以来的一次伟大的革命。一方面，把神学看成科学，加强了神学的权威性；另一方面，哲学则从神学中解放出来。

可以说，阿奎那的伟大之处在于，他是他那个时代西方思想的集大成者，这种集大成的思想与基督教信仰并不冲突。他甚至还融合了犹太教和伊斯兰教的思想。如前所述，基督教哲学一开始就以柏拉图主义和新柏拉图主义为主要表现形式，而如今，亚里士多德哲学得以在基督教世界复活，并被融合到基督教哲学中。托马斯主义（亦即阿奎那所创立的哲学）在很大程度把广义上的柏拉图化的基督教同亚里士多德哲学高度完美地结合在一起，在浩大的工程中，阿奎那小心翼翼地在哲学与宗教、理性与信仰之间走钢丝。例如，他认为，从理性上是无法断定世界有无开端和终结的，说有说无都是对的。但身为基督徒，尽管无法给出理性的证明，他却相信世界始于上帝的创造，并且有朝一日会消亡。

阿奎那从亚里士多德的立场出发，认为有关世界的理性知识都是从感觉经验而来，人类思维依据感觉经验才能做出反应。所有理智的东西最初都呈现在感官中。在此基础上，阿奎那提出的知识论，使他似乎成了一个坚定的经验论者，现代读者甚至以为它与宗教格格不入。不过阿奎那还是坚持认为，人类认识的世界归根到底是上帝创造的，因此，这样的知识不可能与宗教启示相冲突。

下面看看阿奎那关于上帝本质与存在的论述所显示出来的理性思维。

阿奎那对存在与本质的区分影响到后来的哲学。一个事物的本质乃是其所是，与这一事物是否存在没有关系。可以用一个简单的例子来说明，假如有一个孩子问你："独角兽是什么？"你回答说："是一种相当精致的马，白色居多，头上长着长长的直角或旋角。"孩子接着会问："有独角兽吗？"你只能说："是的，独角兽不存在。"此例中，前面的一问一答提出了本质问题，后面的一问一答提出了存在问题。如果孩子继续问有关老虎的问题，你可以生动地向他描述老虎，不过，无论你的描述如何深入详细，他仍然会问你："有老虎吗？"因为仅仅从这些描述中，他是无法知道老虎是否存在的。两个问题各不相关，只能一一询问。在这一区分的基础上，阿奎那摈弃了安瑟尔谟为上帝的存在所做的本体论证明，因为安瑟尔谟确定了上帝的本质，而关于本质的描述不管多么详尽，都不能为存在辩护。

阿奎那本人对存在的问题提出了一个特殊的想法：一个只是作为本质的事物具有了存在的潜能，只不过它的存在尚未现实化而已。假定上帝按照自己的意志创造了世界，那么，世界的本质就先于世界的存在。但是上帝自身的本质不可能先于自己的存在，因此，不妨说，上帝必然是纯粹的存在。围绕本质和存在谁先谁后的问题，一代又一代哲学家一向聚讼纷纭。如同哲学史经常表现的那样，争论的一方天然地站在柏拉图一边，另一方站在亚里士多德一边。他们认为本质先于存在的观点显然是从柏拉图的理念论那里找到根据，而截然相反的观点则认为，只有认识了已存在的物质，才谈得上物质的本质，任何一个物质首先必须存在，才可能拥有那些附加的特性，这显然与亚里士多德哲学完全吻合。

阿奎那把亚里士多德的理性与基督信仰结合起来，建立了一套立论清晰、理据渊博、辩证彻底的神学理论去演绎生命的意义和目的。他是首个以科学态度去结合神学与哲学的思想家，被公认为12—15世纪盛极一时的"经院派"哲学的宗师。他的两本巨著《神学大全》和《反异教大全》（主要是反伊斯兰教思想）至今仍被认为是西方思想史上伟大的经典。他继承了奥古斯丁和经奥古斯丁过滤了的柏拉图的思想。如今，又加上亚里士多德，这是基督教信仰过滤希腊思维的第二次，也是最后一次。

总之，在中古时期，理性与信仰是统一的。在奥古斯丁的思维中，理性是信仰的仆人；在阿奎那的思维中，理性是信仰的伙伴。但是在中古后期，经过文艺复兴、宗教改革，以及由此引发的启蒙运动，上帝被"请"出了科学界，信仰降格为宗教，理性降格为科学。

（二）科学的产生与发展

科学可以说是在基督教的孕育中发展壮大起来的，希腊理性精神和基督教信仰在终极理念或价值上是一致的，基督教追求的是唯一的真神（上帝），希腊理性追求的也是唯一的真理。它们都是对"唯一真"的追求。"唯一真"的理念绝大部分来自亚里士多德的逻辑，而亚里士多德的逻辑两千年来一直支配着西方人的思维范式。

中古时期，人们对宗教极度热情，比如西方科学集大成者——牛顿，就是一个虔诚的基督徒，他坚信神的存在。他说他只是显示了地心引力和万有引力的运作，但从未解释它们的来历。由于《自然哲学的数学原理》引起对神的地位的争议，牛顿曾考虑取消出版。最后，他在再版中申明，整套力学系统是神所创造和支配的。因为他相信这个完美的由神创造的宇宙一定是有规律的。牛顿把一个由神直接干预的世界化成一个由神按理性和规律去设计的世界，而这些理性和规律是人人可以发现的。牛顿从他的发现里看到了神，也就是从受造物的奥妙中看到创造者的存在。

虔诚的信仰和理性思维的结合促使了西方科学的诞生。

如怀特海在追溯现代科学的起源时说："在现代科学理论还没有发展以前人们就相信科学可能成立的信念，是不知不觉地从中世纪神学中导引出来的。"因为经院哲学的逻辑把严格确定的思想习惯深深地刻在欧洲人心里，这种习惯即使在经院哲学被否定以后仍然流传下来，比如伽利略，"他那条理清晰和分析入微的头脑便是从亚里士多德那里学来的"。怀特海深刻地认识到经院哲学作为希腊理性科学传统的继承者对于现代科学的重大意义。

在宗教改革之前，人们信仰神，追求神，它是唯一的真神。但是由于神的代理人——教会的腐败，教会被质疑，跟着是直接对神的质疑。宗教改革初期，西方人仍把神与教会分开，这也是宗教改革的原意——清理教会，甚至打倒教会，去重新恢复与神的直接接触。但很快，神的存在也开始被质疑，先是从神的本质入手，把神的"实体的存在"降级为"理念性的存在"，然后，再质疑人们是否需要这个神去解释、了解甚至支配世界。

首先被提出来做检验的是自然世界。结论是，自然现象不需用神来解释，起码不需要一个中世纪照顾、保存和支配自然世界的神，取而代之的是一个创造宇宙、赋予宇宙运作规律，然后就不再干预世界的神。神犹如一个钟表匠或机械设计师，一旦造好了时钟或机器，就任由这时钟和机器自己运作，不再干预，也不能干预。这就是当时知识界流行的"泛神"论调，也可以说把自然界本身当作神。从此自然哲学就与道德哲学分家，变成"科学"，有自身的一套方法和范式，主要是来自经验主义的观察与实证，目的是研究自然现象和它们的规律。部分道德哲学也要跟上去走这条"科学"之路，先是经济学，继是社会学。到今天，科学又二分为自然科学与社会科学。

但是，来自自然哲学的自然科学仍对它的源头念念不忘，也就是学问大一统，解释全宇宙的"真"。自然科学追求"统一理论"越来越局限于自然世界，而不是像现代前追求自然世界与人类世界共同的"真"。同时，自然科学或社会科学都越来越以"致用"作为它的价值基础。有人说，"科学的价值来自工程"（这里的工程是广义的，包括社会性工程），而工程的目的是"用"。越有用的科学越被重视，而"用"的定义是创造经济价值。正如培根所说："知识就是力量。"科学逐渐与经济挂钩，追求知识的科学变成追求经济的科技。产生了"大科学"的理念，也就是需要很大经济投入并产出很大经济效应的科学（科技），科学理性从思考宇宙的奥秘走上支配宇宙的工具之路，从一个人的天马行空变成一堆人的精打细算。

牛顿的《自然哲学的数学原理》的出版，标志着现代科学的成熟。自哥白尼以来，宇宙不再被视为由一个像父亲的神所创造的，不再被它深不可测的旨意所支配；而是由一个像钟表匠的神去设计，并按着它精确不变的规律来运作。这是一个对认识宇宙充满乐观的时代，也体现了现代科学的精神。牛顿用了官能求真的方法，但选择了自然现象作为求真的对象，在思路上确实分裂了上古到中世纪的自然界与人类社会同出一源的天人合一模式，但是在心态上就因为窥探到宇宙的规律而趋于乐观。

哥白尼播的种（1543 年的《天体运行论》），伽利略浇的水（1632 年的《两大世界体系的对话》），到牛顿就开花了（1687 年的《自然哲学的数学原理》）。在这个历程中，左有培根（1561—1626）的观察和归纳法，右有笛卡尔（1596—1650）的理性与演绎法，综合出一个既有具体实证又有系统理论的科学世界观。

第三节　东方文化中理想人性的建构方式

东方文化（中国）是以儒家为文化主干，并融合道家和佛教，完成出世和入世，实现圆满人生，但采取了与西方不同的追求方式。东方文化采用内在的修炼，或者说用内求的方式来实现自己理想的人生。

不论是儒家、道家还是佛教，它们追求的主干方向是内求。回归自己的本心，见到自己的真如本性。儒家讲存心养性，成为圣人、贤人，至少是君子；道家讲修心炼性，成为真人、仙人；佛教讲明心见性，成为佛、觉悟者。

西方是把最高的善（上帝）设立在人心的外面，依靠外力（上帝、认知理性）来实现自己的理想人生。

东方（中国）把最高的善（仁）设立在人心中，依靠内力、内在的修炼来实现自己理想的人生，又可以把它划分为两大系统：中国儒家、佛教可以看作心学系统；而道家着重道学系统，但是最后道学和心学相互融合，就是俗话所说："道不远人。"

一、中国心学

中国哲学所讲的"心"可以看作西方的上帝，它也是世界的本原，无生无灭、无善无恶、无真无假，本不动摇，本性自足，可幻化一切。但这个"上帝"不在人心的外面，它就在人心中，不是靠认知理性外求，而是依靠内求——内在的修炼、体悟感知。

我们重点介绍禅宗心学与儒家心学，道家是对它们的补充。禅宗心学重点讲的是佛性，人人皆有佛性；儒家心学受到佛教影响，后期重点讲的是良知，人人皆有良知；道家讲的是道，道在一切事物中。

我们理解了中国的心学，就明白了中国人的追求和以伦理道德为主的人生的终极关怀。

哲学也好，宗教也好，谈到人的修养和境界时，都离不开心和性。儒家讲存心养性，佛家讲明心见性，道家讲修心炼性。佛家说，心性不二，在应用时，往往心性二字通用。我们可以把性看作心的本体，可以比作大海里的水，叫作真如本性，也叫自性；把心比作波，即是心念、妄心、贪心以及印象、感受、思维等心理现象。海水会潮起潮落，但海水本身不会变。心是会对境产生幻生幻灭、随缘而变的东西，是对境生起来的心念和思想。用这个心可以为善，可以为恶，可以使人上升，也可使人下坠，可用来成就事业，也可因此受尽羁缚。那么性呢？虽然也看不见、摸不着，却是心的动力和能力的源泉，是生命的根本。

（一）禅宗心学

禅宗是印度佛教与中国文化相融合形成的一个宗派，属于印度解脱宗教。

希伯来宗教超越视野是救赎，是依靠上帝来救赎。那印度宗教呢？印度宗教是靠自己脱离困厄，所以叫印度解脱宗教，它是不同于西方的第二种超越突破。其目标也是寻找在这个世界以外的最高价值，但追求此目标并不是依靠外力，即那个不可思议、无所不能的神，而是强调只能依靠个人的修炼来企及最高价值。学者把印度类型的超越突破叫作"解脱的意志"。

为什么需要解脱？因为印度宗教教义认为这个世界是苦的，是没有意义的，这是其基本核心。那么要脱离苦难，到另外一个有意义的世界中去，该怎么办呢？只有靠个人修炼。印度宗教类型很多，有婆罗门教、佛教、耆那教、印度教等，但整个印度文化的方向都是解脱，强调依靠自己力的修炼离开这个苦难世界。至于怎么达到这个目标、怎么解脱，婆罗门教、佛教和其他宗教派别的教义差别很大，各有一套教义和方法。

婆罗门教把宇宙视为由包括种姓在内的一系列解脱等级构成，多数种姓的人遵守戒律并进行修炼就能获得解脱，在来世进入较高等级。佛教否定了婆罗门教的等级解脱，提出平等的解脱哲学。印度文化的精神价值取向与希伯来宗教的共同之处，是它们的意义世界都不在现实世界，都要舍离此世到达彼岸。不同的是，如何到达彼岸，印度宗教讲求靠个体自己的修炼，而不是神秘外力的拯救。因此，可以称佛教等印度宗教为"自力型拯救宗教"，犹太教、基督教、伊斯兰教是"他力型拯救宗教"。

禅宗是佛教在中国的一个分支。在佛教里，心性的别名很多，如"本来面目""如来藏""法身""实相""自性""真如""本体""真心""般若""禅"等。这无非是用种种方法认识自己。迷悟虽有差，本性则无异。如黄金是一，但可制耳环、戒指、手镯等各种不同之金器，故金器虽异，实一黄金耳。明乎此，心与性名虽不同，实则皆吾人之本体也。

禅是心的别名，而"心"是在佛不增、在凡不减的真如实性，禅宗祖师们将此"心"易名为"性"。禅是诸佛心印，亦众生之一真心体。此一真心体，恒常寂照，它不会随着某一法相的产生而产生，亦不会随着某一法相的消亡而消亡。某一法相生时，此心未曾生；某一法相灭时，此心亦未曾灭；万法一齐现前，此心亦不增；万法一时隐去，此心亦不减，犹如圆明宝镜，随缘现相——山河大地、森罗万象，一时尽现，此镜体上添不得一物；山河大地、森罗万象，一时隐去，此镜体上亦减不得一物。我人之心体与心中之法相的关系，亦复如是——心性常明，含融万相。

照见山河大地的是这个"心"，照见日月星辰的亦是这个"心"，乃至于照见百千万亿无量相的，无不是这个"心"。相有万相，心只一心。相有无量变化，心则始终如一。犹如真金，成种种器皿，无量形相，金性不变。真心"随缘不变"之义，亦复如是。明来暗去，暗来明去；真心常在，未曾移易。假若真心随暗相而去，如何更能照见光明？假若真心随明相而去，如何更能照见黑暗？明来见明、暗来见暗，故知"真心常在，不随他迁"，真心"不生不灭，不来不去"之义明矣。随缘显现诸相的一真心体，二六时中，放大光明，圆光普照，未曾暂歇。此即是诸人本具的一真心体，亦"自心本佛"。

禅宗六祖慧能在师父弘忍法师为他讲述《金刚经》时，当讲到"应无所住而生其心"的时候，慧能言下大悟，他说："一切万法，不离自性。何期自性，本自清净；何期自性，本不生灭；何期自性，本自具足；何期自性，本无动摇；何期自性，能生万法。"（《六祖坛经》卷一）这阐述了对"自性"的认识。

自性的第一特征是"本自清净"。这个心如果是真心，那它就应该是"清净"的。即"自性"的本质一定是清净的，是超越现实而存在的。"何期自性，本不生灭"，是说自性没有时间的限制，不是具有生灭变化的"有为法"。"何期自性，本自具足"，是说没有空间的限制。这两个特征强调"自性"在时空两方面都是无限涵盖的，因为它是一切现象产生的依据。"何期自性，本无动摇"，为什么不动摇呢？因为它是"真空"，是超越一切、包容一切的一种普遍存在。"何期自性，能生万法"，正因为"真空"是不动摇、不变易的永恒的具足的存在，才能够外化出无穷无尽的事物，成为"妙有"的万法。

佛教的般若思想"假有性空"，传到中国后变成了"妙有性空"，虽然也讲不稳定性，却更强调了一个"妙"，看到事物如此丰富，都是从类似"最高存在体"中衍生或外化出来的。这就是慧能对自性的根本的认识。

禅宗心学的经典《六祖坛经》以更深入人心的思想方式来迎合中国人的传统，如"心平何劳持戒？行直何用修禅？恩则孝养父母，义则上下相怜。让则尊卑和睦，忍则众恶无喧……听说依此修行，西方只在目前"，都是将佛法和现实生活密切地结合在一起。

慧能有一个很重要的思想叫"自皈依"，"自皈依佛，自皈依法，自皈依僧"。慧能按照他的理解对"三皈依"给予了新的解释。"自"就是自己，皈依自己内心的佛，这是慧能的创新思维。禅宗认为人人皆有佛性。真正的皈依，其实就是皈依"自性三宝"。什么是"自性三宝"？即觉、正、净。

佛代表觉悟，法代表正知正见，僧代表清净。所以真正的皈依就是皈依内在的佛性，做到觉而不迷、正而不邪、净而不染，让自性的光芒彻底显露，从而照亮自己，照亮他人，照亮过去、现在和未来，照亮法界众生。

佛性并不是"空的"，它是世间一切不朽的价值的总和，其内容包罗万象。

我国哲学家王德峰把自性比作爱：个体的爱有生灭，比如爱情，有谈，有分，有结，有散。但是从宏观上看，爱一直存在于世间，几千年过去了，恋爱的人换了一茬又一茬，生老病死，无限循环，但作为人类崇高价值的爱没有死，它不生不灭。

正如仓央嘉措的那首诗：

你见，或者不见我
我就在那里
不悲不喜
你念，或者不念我
情就在那里
不来不去
你爱，或者不爱我
爱就在那里
不增不减
…………
默然相爱
寂静欢喜

仓央嘉措这首诗把爱情收归了佛门。

永恒的价值本身无法直接体现，它需要依托生活中种种看似不起眼的琐事体现出来。这就好比《宝藏论》里的金子，金子本身无法被"看见"，它只能通过金戒指、金手镯、金项链等各种形象展现在我们眼前。

我们用眼睛看到的是各种具体的金器形象，眼睛无法看到金子本身，能让我们看到金子本身的是我们的"心"。

这个心既不是英语里的 heart，那个叫心脏；也不是英语里的 mind，那是心理学范畴的用语。这个"心"超越了生物学，超越了心理学，是每个人都拥有的强大力量。

（二）儒家心学

心学发端于孟子，孟子提出尽心—知性—知天的命题，他最早提出心

131

之四端说。孟子曰："恻隐之心，仁之端也；羞恶之心，义之端也；辞让之心，礼之端也；是非之心，智之端也。人之有是四端也，犹其有四体也。有是四端而自谓不能者，自贼者也；谓其君不能者，贼其君者也。凡有四端于我者，知皆扩而充之矣，若火之始然，泉之始达。苟能充之，足以保四海；苟不充之，不足以事父母。"《孟子·公孙丑上》

孟子说："同情心是仁的发端，羞耻心是义的发端，谦让心是礼的发端，是非心是智的发端。人有这四种发端，就像有四肢一样。有了这四种发端却自认为不行的，是自暴自弃的人；认为他的君主不行的，是暴弃君主的人。凡是有这四种发端的人，都知道要扩大充实它们，就像火刚刚开始燃烧，泉水刚刚开始流淌。如果能够扩充它们，便足以安定天下；如果不能够扩充它们，就连赡养父母都成问题。"

心学在宋朝进一步发展。

宋末张继先（1092—1128）的《心说》一书说："夫心者，万法之宗，九窍之主，生死之本，善恶之源，与天地而并生，为神明之主宰。或曰真君，以其帅长于一体也。或曰真常，以其越古今而不坏也。或曰真如，以其寂然而不动也。用之则弥满六虚，废之则莫知其所。其大无外，则宇宙在其间，而与太虚同体矣。其小无内，则入秋毫之末，而不可以象求矣。此所谓我之本心，而空劫以前本来之自己也。"（见《三十代天师虚靖真君语录·心说》）

南宋理学家朱熹（1130—1200）说："心者，人之神明，所以具众理而应万事者也。"（《孟子集注·尽心》）

同时代的陆九渊（1139—1193）开创了心学。陆九渊发扬了孟子的心学，认为"宇宙内事，乃己分内事；己分内事，乃宇宙内事"（《象山全集》卷三十三），还说："宇宙便是吾心，吾心便是宇宙。"（《象山全集》卷三十六）不同于朱熹的"性是理"，陆九渊认为"心即是理"。曰："人皆有是心，心皆具是理，心即理也。而愚不肖者不及焉，则蔽于物欲而失其本心；贤者智者过之，则蔽于意见而失其本心。"又说："千万世之前，有圣人出焉，同此心同此理也；千万世之后，有圣人出焉，同此心同此理也。东南西北，有圣人出焉，同此心同此理也。"（《陆九渊集》卷三十六）陆九渊认为要明此理，就要"先立乎其大者"。大者就是本心，所谓本心就是指恻隐之心、羞恶之心、辞让之心、是非之心。标准就是以义利判君子小人，其核心问题是辨志。志于"利"者，必被"利"所趋；志于"义"者，则以"义"为行为准则。所以，为学之要在于立志。

可见，陆九渊认为宇宙即吾心，心即理。心，一心也；理，一理也。

至当归一，精义无二。此心此理，实不容有二。在此基础上，他又提出了"发明本心"之说，意思是既然"本心"即是理，那么为学的目的就在于发明本心，只要"切记自反"，便无须向外求。在这个意义上，他提出一个口号："学苟知本，六经皆我注脚。"（《象山全集》卷三十四）意即，如果明白了学业的根本，六经都是我心的注脚。

明代王阳明进一步发展其学说，史称"陆王心学"。王阳明的心学体系包括三个方面：心即理，知行合一，致良知。

王阳明说："心也者，吾所得于天之理也，无间于天人，无分于古今。"（《王阳明全集》）用心学鼻祖陆九渊的话来说，就是"万物森然于方寸之间，满心而发，充塞宇宙，无非此理"（《象山全集》卷三十四）。

既然"人心"与"天理"无二差别，并且这个"心"是天人合一、不分古今、充塞宇宙的，那么天下自然就没有心外之事、心外之理了。换言之，人格完善与自我实现的道路并不在外，而就在你我的心中，就看我们敢不敢直下承担、愿不愿真实践履了。如王阳明所说："决然以圣人为人人可到，便自有担当了！"（《传习录（卷下）》）

这就是阳明心学最核心的精神价值，也是王阳明留给后世最重要的精神遗产之一——主体性的确立和主体意识的高扬。

心学与理学相同的是都承认有一个理，但是理学认为有一个外在于人心的理存在，无论心存在与否；而心学认为理在心中，没有心，便没有理，心为宇宙立法，理是由心立的。

在朱熹的语境中，天理是外在于"我"的普遍的道德规范，所以人格完善的基础便不是根植于"我"的内心，即便"我"被教导要成圣成贤，也只是被动服从于一套既定的社会价值观。而在王阳明看来，成圣成贤的潜能和动能都内在于"我"的生命之中，因此人格完善与自我实现便是"我"与生俱来的责任（因为你是金子，所以必须成为金子），同时又是"我"的天赋权利（任何外在遭遇都无法剥夺你的金子本色）。而人的主动性、自信心和创造力，也就在这里显露无遗并强势生发了。

王阳明在"心即理"的基础上，又进一步提出"知行合一"学说和"致良知"观点。

"知行合一"学说指的是在我们建构自己的"意义世界"时，知行合一的动态过程。所谓"知"，重在改造旧有的意识结构和内容，建立一套符合圣贤之道的世界观和人生观；所谓"行"，重在通过与外界的互动，来落实、深化人的认识和观念。究其实，二者本来就是对同一件事的两个不同角度的描述，不能简单把它理解成"理论和实践"。

在朱熹那里，世界有两个，一个是抽象的理世界，一个是具体的物世界；但在王阳明这里，世界只有一个，那就是被他赋予了意义的世界。也就是说，无论是理还是物，都必须经由"我"的主体意识的投射，才能产生意义。因此，在王阳明的心学世界里，知，就是意义的寻求和确立，本身就是一种行动；行，就是意义的展现与完成，因而也离不开知。

正如王阳明所说："知是行的主意，行是知的功夫；知是行之始，行是知之成。若会得时，只说一个知，已自有行在；只说一个行，已自有知在。古人所以既说一个'知'，又说一个'行'者，只为世间有一种人，懵懵懂懂地任意去做，全不解思惟省察，也只是个冥行妄作，所以必说个知，方才行得是。又有一种人，茫茫荡荡，悬空去思索，全不肯着实躬行，也只是个揣摩影响，所以必说一个行，方才知得真。此是古人不得已补偏救弊的说话，若见得这个意时，即一言而足。今人却就将知行分作两件去做，以为必先知了，然后能行。我如今且去讲习讨论做知的功夫，待知得真了，方去做行的功夫，故遂终身不行，亦遂终身不知。此不是小病痛，其来已非一日矣。某今说个知行合一，正是对病的药，又不是某凿空杜撰。知行本体，原是如此。"（《传习录（卷上）》）

正因为意义世界同时囊括了心与物、内在与外在，所以"知"和"行"自然呈现为一个无法分割的整体。因为"知"本身就是一种构建意义世界的行动（知是行的主意），所以起心动念都是行，"我今说个知行合一，正要人晓得一念发动处，便即是行了"（《传习录（卷下）》）；而"行"本身就是一种价值观的落实和体现（行是知的功夫），所以这样的"行"也就等于是"知"的自然流溢。

正如你在街上看见一个美女，觉得她美，这就是知，随即动了一念喜欢之心，这就是行。接着你碰见一个"犀利哥"，觉得他脏，这就是知，随即动了一念厌恶之心，这就是行。所以王阳明说，要弄清楚知行合一，最形象的例子就是"如好好色""如恶恶臭"。一见到美女你自然心生喜欢，无须告诉自己应该去喜欢，这就是知行合一；一见到"犀利哥"你自然心生厌恶，无须告诉自己应该去厌恶，这也是知行合一。

当然，王阳明说起心动念就是"行"，并不意味着"行"就只有起心动念。如果你从未通过与外界的互动体现你的价值观，那就意味着你的意义世界不曾建立起来，因而这样的"知"就是"茫茫荡荡，悬空去思索"的；而如果你没有赋予你的存在和世界以自己认同的意义，你的行为就没有意义和目的，因而这样的"行"就是"懵懵懂懂地任意去做"的。

简言之，"知"就是内在的行动，"行"就是外化的观念。二者是一而

二、二而一的。所以在王阳明的词典里，根本找不到一个没有行动的"知"，也找不到一个没有观念的"行"。这才是知和行的真实本质，也才是知行合一的真正内涵。正如王阳明所说："圣学只一个功夫，知行不可分作两事。"（《传习录（卷上）》）

王阳明之所以反对人们把知和行打成两截，就是希望能够建立起一个整体的世界观，用他的话说就是"一节之知，即全体之知，全体之知，即一节之知"（《传习录（卷下）》）。在这浑然一体的世界中，没有内和外的分别，没有心与物的分别，没有部分与整体的分别，当然也没有知与行的分别——一念发动处，便是知的全体，也是行的全体。唯有如此，你才能在你的工作和日常生活中，全然贯注一种整体性的、创造性的力量，并在看似琐碎的举手投足、待人接物、行住坐卧、语默动静之间，全然贯注一种超越的、神圣的意义。

这里的"知"也可理解为对本性（天理、良知）的觉知，"行"就是为实现本性（天理、良知）而采取的行动，二者有机统一在知行合一之中。就是你一旦认识到自己的潜在本性，就要全然去实现它、恢复它，就像一粒橡树的种子会"迫切要求"成长为一棵橡树一样。

通过"心即理""知行合一"，王阳明构建了一个"整体论"的世界观。

王阳明说："无心外之理，无心外之物。"（《传习录（卷上）》）这并不是想否定规律、法则和万事万物的存在，而只是想表明——任何规律、法则和事物，都不可能脱离人的认识能力而存在；同样，人的意识也不能脱离这些东西而单独存在。正如他所说："物理不外于吾心，外吾心而求物理，无物理矣；遗物理而求吾心，吾心又何物邪？"（《传习录（卷中）》）

王阳明认为主体与客体、内心与外物是一个不可分割的整体，这样在日常生活中，不管是事君、事亲、仁民、爱物，还是琐屑的视听言才能被赋予整体性意义，从而获得存在的价值。

我们可以用王阳明一段比较经典的话来做总结："可知充天塞地中间，只有这个灵明，人只为形体自间隔了。我的灵明，便是天地鬼神的主宰。天没有我的灵明，谁去仰它高？地没有我的灵明，谁去俯它深？鬼神没有我的灵明，谁去辨它吉凶灾祥？天地鬼神万物离却我的灵明，便没有天地鬼神万物了。我的灵明离却天地鬼神万物，也没有我的灵明。如此便是一气流通的，如何与他间隔得？"（《传习录（卷下）》）这段话体现了王阳明"心外无物，心外无理"的整体论世界观，主体与客体是不可分的。

王阳明在后期把着力点放在致良知上，并提出"良知四句教"的修行方法。

良知是什么？

王阳明有诗云："人人自有定盘针，万化根源总在心。却笑从前颠倒见，枝枝叶叶外头寻。无声无臭独知时，此是乾坤万有基。抛却自家无尽藏，沿门持钵效贫儿。"

良知就是真头面，就是定盘针，就是圣门口诀，就是乾坤万有基。在儒学的语境中，"良知"和"良能"相提并论。良知良能，指的就是每个人与生俱来的道德意识和道德能力。如孟子所言："人之所不学而能者，其良能也。所不虑而知者，其良知也。"（《孟子·尽心上》）

然而，这种道德意识和道德能力虽然是一种天赋，却非常容易在后天生活中迷失。按王阳明的说法，就是一般人往往抛弃这个人人自有的无尽宝藏，遮蔽本心，迷惑颠倒，整天活在烦恼之中，甚至像个乞丐一样沿门持钵，自讨苦吃。

也就是说，虽然良知是人皆有之、本自具足的，一般人的良知却湮没不彰。究其原因，就在于"私欲的障蔽"。用王阳明常说的话就是：良知如明镜，"全体莹彻"，然而私欲却如灰尘，"一日不扫，便又有一层"。所以，良知必须去"致"，才能体认其"廓然大公"之本体，扩充其"常觉常照"之功用，并践行于"见闻酬酢"的日常生活中。

致，就是体认、扩充、践行之意，三个层面的意思相辅相成，缺一不可。在这里必须指出的是，在阳明心学中，良知具有两层含义：①它是人的道德意识和道德情感；②它是内在于人却又超越万物的宇宙本原。

第一层含义较为浅显，它归属于心学功夫论范畴（用）；第二层含义比较抽象，它归属于心学本体论范畴（体）。第一层含义我们已讲过了，关于第二层含义，也就是本体论含义，王阳明也有论述："良知是造化的精灵，这些精灵，生天生地，成鬼成帝，皆从此出，真是与物无对。"（《传习录（卷下）》）良知就是创造宇宙和生命的精神本原，这个精神本原，可生天生地，可化育鬼神，万物皆从其出，其又超越万物。

"良知之妙用，所以无方体，无穷尽，语大天下莫能载，语小天下莫能破。"（《传习录（卷中）》）良知的妙用，空间上无形体，时间上无穷尽，说它大，它可以无穷大，连宇宙都不能承载；说它小，它可以无穷小，没有任何力量可以打破。

总之，良知显然具有这样的特征——既内在又普遍，既平凡又神圣。说它内在，是因为每个人都拥有它；说它普遍，是因为它并非哪个人所独有，而是遍布虚空、超越万物的；说它平凡，是因为它是连贩夫走卒也会运用的，尽管普通人不知所以然，却经常用"良心""天良"指称它，故说"百姓日用而不知"（老百姓在日常生活中天天用到它，却从未自觉体认它的存在）；说它神圣，是因为它是所有古圣先贤毕生追求的最高境界和终极真理，故说"百世以俟圣人而不惑"（就算千百年后的圣人来验证，它也依然是颠扑不破的）。

由此可以发现，"良知"在王阳明心学中的地位，恰如"道"之于老庄，"空性"之于佛禅。因为无论是"良知""道"还是"空性"，都具有化生万物而又超越万物、演化时空而又超越时空的根本特征；而且，这三者看似玄妙，其实又都很平实；"良知"就在"日用"中，"道"就在"屎溺"中，"空性"就遍布在你身边的任何一样事物中，即《心经》"色即是空，空即是色"之谓也。

所以，如果用今天的语言来表达，我们也可以说，良知就是一种"正能量"，而致良知就是"开启、扩充、运用正能量"。这里的正能量指的是能够让我们的生命得以安顿、心灵得以成长、人格得以完善、生活品质得以提升，并与宇宙本体始终保持紧密联结的一种精神力量。

王阳明把"致良知"作为他毕生学问的总纲和修行的终极指归，是因为这三个字可以统摄心学所有概念、范畴、观点和思想。所以要问王阳明心学的核心是什么，最简单的答案就是——致良知。

良知四句教——本体和功夫不可偏废。

所谓"良知四句教"，即：无善无恶心之体，有善有恶意之动，知善知恶是良知，为善去恶是格物。

王阳明认为，资质极高的人，世上很难遇到。对本体、功夫一悟全透，就算颜回、程颢也不敢自居，岂敢指望谁有这种资质？人都有受到习染的心，不教他在良知上切实去用为善去恶的功夫，只去悬空想那个本体，一切行为都落不到实处，最后不过是养成了空虚守静的毛病。

我们可以用禅宗的八个字来概括：理须顿悟，事须渐修。

理就是王阳明所说的本体，亦即心学的根本智慧；事就是王阳明说的功夫，亦即具体的修学实践。一个修行人如果对根本智慧毫无体悟，就会盲目瞎练，变成一个磨砖作镜的笨伯，就像五祖弘忍对六祖慧能说的："不见本性，修法无益。"同样，若是一个人以为悟到了本体就不必在日常生活中老实用功，便会凌空蹈虚，沦为光说不练的假把式。

因此，正确的修行方法应该是把顿悟与渐修结合起来，让本体与功夫相资为用。

王阳明心学与佛教禅宗有一个共同特征，就是"法无定法"——所有的说法都要根据问题的性质和学人的情况而定（有真问题，有伪问题；有利根人，有钝根人），因此表面上自相矛盾的话，实则都有助于学人的入道。

用王阳明自己的话说，就是"见得时，横说竖说皆是。若于此处通，彼处不通，只是未见得"。

一旦你"见得"其学问的根本宗旨，或者说体悟到了"第一义"，那就不管他"横说竖说"，你这里都可以做到了了分明、处处通透。

总之，王阳明心学告诉我们：决然以圣人为人人可到，便自有担当了。你想成为什么样的人格，就决定了什么样的人生。

首先，儒家心学和禅宗心学都把心看作宇宙的本源、万化的根源。认为心、性、理是合一的，是同一事物的不同表现形态。如王阳明说："夫心之体，性也；性之原，天也。能尽其心，是能尽其性矣。……天之所以命于我者，心也，性也。"（《传习录（卷中）》）

其次，都把心看作道德的本源，禅宗认为人人皆有佛性，儒家心学认为人人皆有良知。

禅宗认为佛性本身又具有一种灵知，能洞察万法皆空的觉性，王阳明也深受禅宗的影响，提出了"良知说"，即以知为心体的本性。他说："知是心之本体，心自然会知。见父自然知孝，见兄自然知悌，见孺子入井自然知恻隐。此便是良知，不假外求。"（《传习录（卷上）》）

再次，两者都认为心是一种虚空状态。如禅宗认为：心体本身是一种空寂的状态，即心体本身"犹如虚空，无有边畔，亦无方圆大小，亦非青黄赤白，亦无上下长短，亦无嗔无喜，无是无非，无善无恶，无有头尾"，它"无相无为，体非一切""本不生灭""本不动摇"（《六祖坛经·行由品》）。

和禅宗一样，王阳明也认为良知是虚空广大的。他说："心之本体，原无一物"，"良知之虚，便是天之太虚；良知之无，便是太虚之无形"。"无善无恶是心之体。"（《传习录（卷下）》）

最后，两者都提倡内省，向内追求领悟。但两者的追求目的不一样，佛教追求顿悟，摆脱生死轮回，进入涅槃，是为了出世，所以佛教认为迷时即众生，悟了即是佛。而儒家心学修行是为了治世、成为圣人，达到齐家、治国、平天下的目的。

二、中国道学

《周易》曰："形而上者谓之道，形而下者谓之器。"

道是超感官、超经验、无形无象的东西，它是高度抽象性、普遍性、无限性的概念、范畴；与之相对的器是有形有象的东西，它是具体性、特殊性、有限性的概念、范畴。道是中国哲学不懈追求真知和智慧的妙凝，是中国哲学理论思维中理性精神的呈现，是主体体贴、领悟、审察、反思天地万物客体的觉解，是先圣先贤不断问道、行道、识道、悟道、得道的升华。道在中国哲学历史长河中始终流淌着，从不间断，既贯穿于诸子百家、三教九流之中，又浸润于四书五经、经史子集之间。形而上的道作为天地万物的主体和天地万物之所以存在的根源、根据，是"先天地生""为天地母""是谓天地根"；又是仰观俯察天地万物的总规则，"道者，万物之所然也，万理之所稽也"，是天地万物自然变化的规律，也是符合万理的道；是最大的价值理想和目标，大学之道，在"止于至善"，至善是事理当然之极的理想和目标。

形而上之道（即太极、理）是中国哲学爱智的核心话题，其形式极高明而抽象，内涵至广大而丰厚，是中国先圣先贤、学者士子始终探赜的"道不远人"的问题。从殷周到春秋战国，道由道路之道被抽象化为道理与方法、本原与规律、天道与人道、形而上与形而下等概念、范畴、命题。孔子曰"朝闻道，夕死可矣"（《论语·里仁》），关注人道；老子注重天之道，而道常无名无为，此道已非可名言的道。《易传》融突儒道的道，提出天、地、人三才之道，并以阴阳、柔刚、仁义为天、地、人之道的内涵，已具有形而上学的意蕴。先秦百家争鸣所论的道都统摄于三才之道之中，既为天地万物所必然发展的规则，又为天地万物之所以存在的根源、根据。

老子曰："人法地，地法天，天法道，道法自然。"（《老子》第二十五章）魏晋南北朝玄学家王弼认为，道的大全是无语、无名、无形、无声的。这种道就是无，"道者，无之称也"。道无是无不通、无不由，寂然无体，不可为象的无。所以道具有贯通万物的特性。王弼主张"道同自然"。

（一）道被融合在佛教中

汉时印度佛教传入中国，初期依附于中国道术而为佛道。在印度佛教原典，道的概念很罕见。魏晋南北朝时期儒释道三教既论争，又融合，中国僧人的佛学著作中很多运用了道的概念，这是佛教中国化的表现。在佛教般若学、禅学、涅槃学均有所发展的情境下，西晋杰出的佛教学者道安从法身、如、真际三方面阐述道。"法身"为恒常寂静、一切都忘的恒常的道；"如"为本来如此，恒常存在，无所寄往；"真际"为无所执着，无为而无不为，是万物的真性，是"无上正真道"。以此来说明佛教平等无差别的彼岸世界。此时佛教的涅槃之道以不变为性，超脱世俗的束缚，冥灭思虑，弃绝情感，超出轮回报应，以达到涅槃神秘的最高境界。隋唐儒释道三教围绕着"道"展开论争。佛教认为道能通因果，因为它是善恶与因果报应、今生与来世的联通，给人们以似无若有的安慰和寄托。随穷本极源，既达权变，又通晓其根本。法藏以菩提道为最高智慧。禅宗六祖慧能主张，明心见性是通达成佛的道。

（二）道被融合在儒家中

理学家朱熹认为道非阴阳，而是之所以为阴阳的形而上者。"然其所以一阴一阳者，是乃道体之所为也"，"道体"意蕴着本体、本质、本根、根本的意义。因而道是亘古亘今、常在不灭的存在者，是一个超时空的精神体。道体虽常在不灭，但道体变化往来不停，"乃道体之本然"，这是事物的当然之理和人所共由的符合规律的运动。他认为，道与太极、理、性是不离不杂的关系：道是宏大，理是精密；道是统名，理是细目；道是公共的理，理是事事物物的理。但道理具有不离的同一性、共性，道是太极，阴阳只是阴阳，而非太极。然而道在器中，道不外阴阳，阴阳不外道，两者相互包含。

宋明心学奠基者陆九渊主张"道未有外乎其心者"。以主体心为存在形式的道，是天地万物的本根，这便是与心合一的道，充塞宇宙，无所不在。道（心）外无事，事外无道（心），万事万物在我本心之中。陆九渊弟子杨简接着在《杨氏易传·小畜》中说："人之本心即道，故曰道心。"它是意念不动的心，天地间的万化、万物、万事、万理皆出于此道（心）。心学经陈献章、湛若水的发扬，王守仁集其大成，主张心即道，"心体明即道明，更无二"，无时无处不是此亘古亘今、无始无终的道。与心相通的良知，也与道相联通，"道即是良知"。道心是天地万物之所以存在的主宰与根据。

总之，道为天地万物之所以存在的本原和根据；是事物必然的、普遍的、相对稳定的内在联系，体现事物的根本性质；是天地万物运动变化的过程，因其自身蕴含着阴阳、有无、动静、理气、道器的融合；是政治原则、伦理道德规范。在宋明时期，"道"和"心"合二为一，阐明了"道不远人"的深邃思想。

总之，在四种超越突破的文明中，东西方的终极价值可以说都是善，但对善的理解和价值判断标准不一样，导致东西方追求善的路线和方式也不一样。西方采取的是宗教（上帝）的救赎和理性的认知，希望依靠外力达到出世和入世，实现人生的终极价值。他们理解的终极价值是真，真是最高的善。东方（中国）采取的是依靠自己的内力和自己的修炼，以宗教解脱为辅的方式，达到出世和入世，实现人生的最高价值——仁。

可以说，西方把最高的善（上帝）设立在人心的外面，通过向外追求达到至高的善（真）。在中世纪早期，主要是通过信仰，在这一时期，理性为信仰服务，而在文艺复兴之后，理性取得主导地位，并发现了自然，企图通过认识自然发现上帝。在这个过程中他们发展出了科学，认识论和知识论成了西方的主导力量。至此，东西方的发展方向分道扬镳。

东方把最高的善（孔子称为仁）设立在人心的里面，通过向内求，向内修炼，达到圆满的人生。不论是儒家、道家还是佛教，它们追求的主方向是内求，回归自己的本心，见到自己的真如本性。儒家讲存心养性，成为圣人、贤人，至少是君子；道家讲修心炼性，成为真人、仙人；佛教讲明心见性，成为佛、觉悟者。

第五章 东西方人性建构方式的比较分析

第一节 东西方终极价值追求的方向不同

东西方都有自己的终极价值追求，但是求取的方向不同：东方求取的方向在人的心中，重点关注的是人以及人与人的关系；西方求取的方向在外，早期主要在上帝，后期主要在物，重点关注的是物（自然界）以及物与物的关系。

东西方求取的方向不同，导致东西方塑造了不同的人格模式，形成不同的思维心理模式以及产生不同思维结果。

一、东方终极价值追求的方向——心，向内求

东方的哲学思想核心是向内求，儒家认为人人心中都有良知，佛家认为人人心中都有佛性，道家认为人人心中都有道，可以说上帝就在我们心中。我们通过自力，或者说通过修身养性，发现心中这个上帝。

（一）儒家的存心养性：存一颗中庸之心

1. 儒家修心次第
《大学》开篇写道：

大学之道，在明明德，在亲民，在止于至善。知止而后有定，定而后能静，静而后能安，安而后能虑，虑而后能得。物有本末，事有终始。知所先后，则近道矣。

古之欲明明德于天下者，先治其国；欲治其国者，先齐其家；欲齐其家者，先修其身；欲修其身者，先正其心；欲正其心者，先诚其意；欲诚其意者，先致其知；致知在格物。物格而后知至，知至而后意诚，意诚而后心正，心正而后身修，身修而后家齐，家齐而后国治，国治而后天下平。

自天子以至于庶人，一是皆以修身为本。其本乱而末治者，否矣；其

所厚者薄，而其所薄者厚，未之有也。此谓知本，此谓知之至也。

到了宋明时期，心学家王阳明又从心学出发，提出四句教：无善无恶心之体，有善有恶意之动，知善知恶是良知，为善去恶是格物。

在王阳明看来，人心与世间万物混为一体，从未分化。先生说："人的本心就是天理。天下哪有心外之事、心外之理呢？"他接着说，"比如奉养父亲，你只能在自己的内心找到孝理，难道要去父亲身上探求孝理吗？比如忠于君主，也只能在自己的内心求得忠义，难道要去君主的身上探求忠义吗？与朋友交往或者管理人民，难道要去朋友和人民身上探求诚信、仁爱之理吗？各种道理都只在我们的本心，本心就是天理。"（《传习录（卷上）》）

但前提是，我们的"本心不能有私欲蒙蔽的，如若私欲蒙蔽本心，则求不得天理。人只能以这颗无私欲的本心，落实到奉养父亲这件事上就体现出孝理，去侍奉君主就体现出忠义，去交朋友就体现出诚信之理，去管理人民就体现出了仁爱之理。人只要在本心上下功夫，除掉私欲，保存住天理就可以了"（《传习录（卷上）》）。

这样，天理就成为可以落地实施的道德行为，成为人们内心的道德律令。"万事凭良心"，这句话在一定程度上代替了宗教，成为人们道德的守护神。在王阳明看来，人心纯善无恶，倡导着人性的正能量。"人心即是天理"，经他这么一说，天理就不再是一个孤独的抽象的外在，天理成为一个人人可以把握的内在道德。所以，"没良心"成为我们这个民族中最具杀伤力的道德语词，同时一个"没良心"的时代也被看作时代道德的彻底滑坡。

心修好了就可以齐家、治国、平天下，通过德治而使天下太平，这不就是上帝做的事吗？

心应该达到什么样的状态呢？

2. 儒家主张中庸，反对偏执

中庸就是恰好。中是不偏差，庸是常道，也就是没有太过与不及，一般人就是容易想得多，说得多，做得少；恰好就是父子、夫妇、兄弟相处恰好，修道修心恰好，为人处世恰好，全力以赴恰好。

以中为用，也就是用中。中是体，庸是用，明体才能达用，才可以尽心尽性。而中体是天命本性，所以本经由天命之性开始。

中庸，儒家认为是至善，是最高的品德。

在这个意义上，儒家还讲到一个概念，叫作"和"。跟"中"一样，"和"也是恰如其分的意思。我们来看看有关《中庸》思想的表达。

"喜怒哀乐之未发，谓之中；发而皆中节，谓之和。中也者，天下之本也；和也者，天下之达道也。致中和，天地位焉，万物育焉。"（《中庸》第一章）

意思是："喜怒哀乐是人人都有的情感，但当喜怒哀乐的情感还没有发动的时候，心是寂然不动的，所以没有（太过与不及）的弊病，这就叫作中。当七情六欲感应外境而发了出来，都能做到没有太过与不及，没有不合理而都能恰好中节，这就叫作和。中是生天、生地、生人的大根源，和是天下万物所共同通行的大路。有修养的君子如果能做到顺道体、合道用的中与和两种境界，那么天地都会安居正位，万物也都可以顺遂生长。"

仲尼曰："君子中庸，小人反中庸；君子之中庸也，君子而时中；小人之中庸也，小人而无忌惮也。"子曰："中庸其至乎！民鲜能久矣。"（《中庸》第二、第三章）

孔子说："上根器的人用天道天理作准则，用天命天性作枢纽，而能通达万物，化行天下，叫作中庸；下根器的人不悟天命，不知使命，也不能开启自己的生命，昧己逐物，妄念妄做妄行，真主人做不了主，这就是违反自性中道。有德性的君子之所以能做到中庸，是因为他们守着中正不变的常道，能承担自己的天命，了悟自己的使命，开启自己的生命，做到随事而中，随时而中；没有德性的小人之所以不能做到中庸，常常违反他们的自性中道，是因为他们不知道中庸的可贵，不能明德成圣，反而无所禁忌，胆大妄为。"孔子说："中庸成为最高的德性，可是人民已经长时间不能做到了。"

正如孟子所说，孔子是"圣之时者也"。

"可以速而速，可以久而久，可以处而处，可以仕而仕：孔子也。"（《孟子·万章下》）

所以孔子强调认清形势。首要的问题不是"我"是否应当用某种方式爱人，而是认清那个人是"我"的什么人。孟子说："君子之于物也，爱之而弗仁。于民也，仁之而弗亲。亲亲而仁民，仁民而爱物。"（《孟子·尽心上》）

他在另一个地方又说："有人于此，越人关弓而射之，则己谈笑而道之。无他，疏之也。其兄关弓而射之，则己垂涕泣而道之。无他，戚之也。"（《孟子·告子下》）

这样就建立了爱有差等的学说，一方面反对兼爱的学说，另一方面反对为我的学说。应当爱有差等，因为这是人的自然，即人性。

依儒家的教义，人性在本质上是善的。甚至在孔子时代之前，似乎已经有了这个传统。因为人性本善，所以人们赞成有道德制裁，愿意有道德制裁。孟子这么说：

"口之于味也，有同耆焉。耳之于声也，有同听焉。目之于色也，有同美焉。至于心，独无所同然乎？心之所同然者何也？谓理也、义也。圣人先得我心之所同然耳。故理义之悦我心，犹刍豢之悦我口。"（《孟子·告子上》）他在另一个地方说："可欲之谓善。"（《孟子·尽心下》）虽说人性本善，但是不可以推论出，人生来就是完善的。只有内心的理性完全发展了，低级的欲望全部消除了，才能成为完人。所以孟子说："恻隐之心，仁之端也；羞恶之心，义之端也；辞让之心，礼之端也；是非之心，智之端也。……凡有四端于我者，知皆扩而充之矣，若火之始然，泉之始达。苟能充之，足以保四海；苟不充之，不足以事父母。"（《孟子·公孙丑上》）

发展理性，减少低级欲望，是同一件事的两个方面："养心莫善于寡欲。"（《孟子·尽心下》）

为了发展人的自然能力，就需要一些具体的组织，所以国家必不可少。孟子引《尚书·泰誓》说："天佑下民，作之君，作之师。"

但是师和君不是分开的。中国的政治理想大都与柏拉图的相同。王应当是哲学家，哲学家应当为王。儒家的国家观尤其强调这一点。国家的主要责任首先是保持相当数量的财富，使人民能够生活，然后教育他们。《论语》有一段说："子适卫，冉有仆。子曰：'庶矣哉！'冉有曰：'既庶矣，又何加焉？'曰：'富之。'曰：'既富矣，又何加焉？'曰：'教之。'"

更进一步地说，在一个国家中，教之比富之更重要。《论语》另一段说："齐景公问政于孔子。孔子对曰：'君君，臣臣，父父，子子。'公曰：'善哉！信如君不君，臣不臣，父不父，子不子，虽有粟，吾得而食诸？'"

至于个人，则身外事物决定命运。《论语》有云："死生有命，富贵在天。"

孟子说："求则得之，舍则失之，是求有益于得也，求在我者也。求之有道，得之有命，是求无益于得也，求在外者也。"（《孟子·尽心上》）

所以人应当求其在我者。人不能控制在他之外的东西，这个情况并不一定使他能完善；他的内心有上天赋予的天理，他可以从中获得真理和幸福。所以孟子说："尽其心者，知其性也。知其性，则知天矣。存其心，养其性，所以事天也。夭寿不贰，修身以俟之，所以立命也。"他又说："万物皆备于我矣。反身而诚，乐莫大焉。"（《孟子·尽心上》）

在这一点上，儒家很接近道家。幸福和真理都在我们心里。只有发展我们内部的力量，才能求得幸福和真理。学习就是按照我们的理性来培养性格，不是进行理智操练，或只是死记硬背书本上所说的东西。

3. 儒家格物的结果：存天理，去人欲

虽然儒家提出修身、齐家、治国、平天下，强调格物致知，但这个物不是外界的物与事，而是自己心中的私欲。儒家后来融入佛老的思想，并受到佛教"法""无明"的启发，提出了所谓的"天理"，以反对"人欲"。

早期的儒家，认为人性虽善，其善则不过是个萌芽，或用孟子的话说，是个"端"，还要大力培养、发展、完成它。可是宋明时期的新儒家学说，天理早已永远是完全的，虽为人欲所蔽，只要清除了这些人欲，真正的心灵就会如钻石一般绽放光芒。这很像老子所说的"损"。但这些新儒家也不同意佛老的观点，他们认为，为了"损"去人欲，恢复天理，人并不需要保持一种完全否定生活的状态。人所需要的是按照天理来生活，而且只有在生活中天理才能够充分实现。

（二）道家的修心炼性：修一颗自然无为之心

道家教义可以归结为一句话："复归自然。"全能的"道"给予万物以其自己的自然，在其自然中万物得到自己的满足。例如：

北冥有鱼，其名为鲲。鲲之大，不知其几千里也。化而为鸟，其名为鹏。鹏之背，不知其几千里也。怒而飞，其翼若垂天之云。是鸟也，海运则将徙于南冥。南冥者，天池也。《齐谐》者，志怪者也。《谐》之言曰："鹏之徙于南冥也，水击三千里，抟扶摇而上者九万里，去以六月息者也。"……蜩与学鸠笑之曰："我决起而飞，抢榆枋而止，时则不至，而控于地而已矣，奚以之九万里而南为？"

这一段引自《庄子·逍遥游》。它明白地表示，大鹏与小蜩都完全满足，各自逍遥。它们长此逍遥，只要遵循它们的自然而生活，不去人为地互相模仿，所以万物在其自然状态中都是完全的。人为只会扰乱自然，产生痛苦。因为如庄子所说："凫胫虽短，续之则忧；鹤胫虽长，断之则悲。故性长非所断，性短非所续，无所去忧也。"（《庄子·骈拇》）

杨朱说："古之人，损一毫利天下，不与也；悉天下奉一身，不取也。人人不损一毫，人人不利天下，天下治矣。"（《列子·杨朱》）杨朱的"为我"并不是自私，他不过是教导人们，自己愿意怎样生活，就应当怎样生活，不要把自己以为是好的东西强加于别人。

《庄子》另有一段说："老聃曰：'请问，何谓仁义？'孔子曰：'中心物恺，兼爱无私，此仁义之情也。'老聃曰：'意！几乎后言。夫兼爱，不亦迂乎！无私焉，乃私也。夫子若欲使天下无失其牧乎？则天地固有常矣，日月固有明矣，星辰固有列矣，禽兽固有群矣，树木固有立矣。夫子亦放德而行，循道而趋，已至矣，又何偈偈乎揭仁义，若击鼓而求亡子焉？意！夫子乱人之性也。'"（《庄子·天道》）

如是，道家只看到所谓自然状态好的方面。在他们看来，任何人类道德、社会制度都违反自然。如老子所说："绝圣弃智，民利百倍；绝仁弃义，民复孝慈；绝巧弃利，盗贼无有：此三者，以为文不足。故令有所属，见素抱朴，少私寡欲，绝学无忧。"（《老子》第十九章）

至于政府，道家认为应当无为而治。

政府应当模仿自然："道常无为而无不为。"（《老子》第三十七章）这是因为道使万物各以自己的方式为自己工作："故圣人云：'我无为而民自化，我好静而民自正，我无事而民自富，我无欲而民自朴。'"（《老子》第五十七章）所以人所应当做的就是遵循自然，满足他的命运。

道家还认为知识无用，只有害处。庄子说："吾生也有涯，而知也无涯，以有涯随无涯，殆已。"

我们需要而且应当去知、去求的只有"道"，道就在我们之中。它很像泛神论哲学的"上帝"。所以我们应当做的就是认识自己，控制自己，如老子说："知人者智，自知者明。胜人者有力，自胜者强。"（《老子》第三十三章）而且，我们必须用另一种完全不同的方法去知、去求道。老子说："为学日益，为道日损。损之又损，以至于无为。无为而无不为。"（《老子》第四十八章）既然道在我们之中，所以为道的方法，不是人为地在道上面加些什么，而是把早已人为地加在道上面的东西去掉。老子所谓"损"就是这个意思。所以在道家看来，那些仅只有志于为学的人，即只有兴趣搞理智操练的人，千言万语，全无价值。因此《庄子》有下面这段话："劳神明为一，而不知其同也，谓之'朝三'。何谓'朝三'？狙公赋芧，曰：'朝三而暮四。'众狙皆怒。曰：'然则朝四而暮三。'众狙皆悦。"（《庄子·齐物论》）

因此道家崇尚自然，主张无为。

不论是儒家和道家，着眼点皆是修心，主张内求，因为幸福和真理都在我们心里。只有在我们心里，不是在外部世界里，才能求得幸福和真理。只要发展我们内部的力量，我们就自己充足了。

（三）佛教的明心见性：明自己一颗本心

佛教又是中国极度"自然"的哲学，认为世界就是"空、无"，要放下执着。

"破除我执"，就是说"我"之所以有现在这些烦恼、痛苦，就是因为"我"对外物有所执着。"我"把自己跟一切现象世界的东西分别开来，有"我"的追求，"我"想得到这个，想得到那个，可是这些东西常常给"我"带来更大的烦恼和痛苦。

"我执"不仅仅是一种物质上的追求，还包括精神层面的追求。我比你聪明，我比你有更多的知识，佛教里就叫作"我慢"。"我慢"也会带来很多烦恼，为什么？你不虚心了嘛。

释迦牟尼最初教导我们要破除这种"我执"。如果能够克制自己的种种欲望，进而不再贪恋现象世界的东西，那么你就是得到了，就是证得了罗汉。罗汉是离欲后的一种果位。

大乘佛教认为，现象世界本身也是因缘所生之法，既然是因缘所生之法，当然也是虚幻不实的，所以人不要贪恋现象世界的东西，从而消除烦恼。

大乘佛教的代表经典之一《金刚经》也教导我们，要认清现象世界的实相。实相其实就是无相、空相。但是，我们每个人生活在现象世界中，总会接触到许许多多的现象，那么应该怎样去处理这些相呢？《金刚经》就提出一个办法，叫作"应无所住而生其心"，相来了我们就应对，相去了我们就放下，这就叫"无住"，即不能停留在相上。

《金刚经》最后提出一个偈子，叫"一切有为法，如梦幻泡影，如露亦如电，应作如是观"。一切现象世界都像梦幻泡影一样虚假、不实，并没有真实的存在，这就是无我。同时，这些现象如露亦如电，很快就会消逝，好比闪电一闪而过；又好比晨露，太阳一出来就消散了，这就是无常。无我和无常的现象世界，不就是空吗？大乘佛教强调不仅"我"是空的，而且法也是空的。

既然一切都是空的，那么又何必执着呢？

如果说中国的哲学发展是为了认识和控制心灵，那么，西方的哲学发展就是认识和控制物质。

二、西方终极价值追求的方向——上帝（神），向外求

西方哲学的思想核心是向外求。西方早期或者说中世纪时期，首先发现了上帝，上帝是万能的，是全能、全善、全知的，上帝创造了万物，人只不过是上帝按着自己的形象创造出来的，所以把上帝设为了人们信仰的最高目标，人类臣服于上帝至高无上的权威中。

但是到了 14 世纪之后，经过文艺复兴、宗教改革以及后来的启蒙运动，又发现了人与自然的关系，人类从上帝的奴仆变成上帝的代理人，最终人成了上帝那样的存在；自然成了人控制与征服的对象。我们先讲人的问题。

（一）人的发现

基督教的创世思想改变了人与自然的地位对比。首先是自然的地位被大大降低，其次是人的地位被大大提高。

按照创世的思想，世界上所有事物都是上帝创造的，因而在根本意义上丧失了神性。原始文化中形形色色的万物有灵论、多神论统统遭到扫荡。然而，在众多受造者中，人享有最高的地位。人是上帝按照自己的形象创造的，因而具有神性。上帝在用泥土造出人类的始祖亚当后，朝亚当鼻孔里吹了一口气，使亚当成为一个有灵魂者。人类因其灵性成为万物之灵长。接着，上帝赋予人治理地界事物的权利，让其管理天上的鸟、水中的鱼、地上的走兽。在《圣经》中，各种各样的生物都是由人类始祖亚当命名的。这样一来，人在某种意义上就成了上帝在世间的代理人，一个管理者，一个分享了有限神性的存在者。宇宙万物仿佛是为了人而被创造出来的，是为了人获得拯救而搭建的一个舞台。无论如何，上帝之下，人是最高者，人分有神性。

基督教虽然为人类中心主义打下了基础，但仅凭创世思想并不能直接导出人类中心主义。毕竟对于基督教正统教义来说，上帝才是这个世界的中心，才是人生意义的根本出发点和归宿。

1. 人的意志自由确立人类中心主义

古希腊的自由是理性自由，实际上是知识论意义上的自由，是说认识到理念的逻辑（并且自觉遵循这种逻辑——在希腊人看来这是必然的）就是自由，没有认识到就是不自由。换句话说，你有知识，你就是自由的；你没有知识，你就是不自由的。没有人故意犯错，犯错误都是无知造成的，因此苏格拉底说无知本身就是一种道德缺陷。这个命题到黑格尔这里讲得最为清楚——黑格尔说自由是对必然的认识。对希腊人来说，追求自由就是追求自知，就是认识你自己。在西方，知识论、认识论始终占据着哲学的核心位置，这和希腊人的自由观有关系。因为自由就是服从理性，就是服从内在逻辑，服从必然性，我们可以称之为理性自由。

但是基督教对自由观念有新的理解，这就是所谓的意志自由。希腊人不曾提出有关意志的概念，意志问题是基督教引入的新问题。

所谓意志，是人的一种自主的选择能力。意志自由指的是，你本可以不做你曾经做过的事情。因为有意志自由，人们对于自己所做的事情就有责任，因为你的所作所为是基于你的自由选择。如果你做的事情不是基于你的自主选择，那你就无责任可言。你做了好事，不值得赞扬；做了坏事，也不必谴责。一个精神病人杀了人，用不着被处以极刑。一个人明知有危险仍然冒险救人，才显示其道德的光辉。因此，一切行善和作恶都以自由意志的存在为前提。没有自由意志，善恶无意义，道德无根据。

意志问题的出现与基督教本身的基本教义相关联。基督教面对的一个常见的责难是，上帝既然全知、全能、全善，为何他创造的世界充满了不幸、罪恶和灾难？为什么他不创造一个全善的世界，让人类或者至少他的选民享受纯粹的快乐，免于不幸和灾难？护教神学家对此有经典的解释。他们说这一切都不是上帝造成的，而是人类自己造成的，是人的自由意志造成的。人类始祖亚当和夏娃本来无忧无虑地生活在伊甸园中，可是他们偏偏选择去做一件上帝不让他们做的事情，这导致全人类都有了原罪。原罪的根源就在于人是自由的，上帝的确知道并且能够阻止人类犯罪，但是他认为自由意志是更重要的东西，他要人有自由。不仅好人是自由的，坏人也是自由的。要想这个世界完全没有恶，除非消灭人的自由意志。但消灭了人的自由意志，也就无所谓恶和善了。基督教认为，上帝是自由的，而作为上帝的最高等级创造物，人也分享了上帝的这一品性。

文艺复兴时期的人文主义者强调人是上帝按照自己的形象创造的，试图让人分享上帝的自由意志和创造能力。通过对人自身的认识，我们可以认识上帝。通向上帝的道路必定要经过人这个环节。这样，他们就逐渐把人确立为这个世界的中心。文艺复兴时期的人文主义在某种意义上确立了人类中心主义。

2. 人类中心主义最显著的路标是笛卡尔的主体性哲学

笛卡尔以他的"我思故我在"开创了现代哲学的新纪元。为什么这句话这么重要？笛卡尔要为知识的确定性寻找一个基础。笛卡尔认为，一切事物都应放在"普遍怀疑"的探照灯下进行审视，绝不能轻易认同一个事物为真，直到找到绝对无可怀疑的事物为止。结果，他发现"我怀疑"这件事情是不能再怀疑了，而这个怀疑的动作就是"我思"。从"我思"的不可置疑可以解析出"我（在）"的不可置疑，这样就得出了笛卡尔哲学的第一原理。

这里的"我"自然不是笛卡尔本人，而是任何一个思维着的主体，因而是大写的人。从"我"出发构造一切哲学、一切知识，让"我"成为出发点，这当然是赤裸裸的人类中心主义。在这里，笛卡尔丝毫用不着上帝，既不用上帝作为知识可能性的保障，也不怕唯意志论的上帝破坏知识的确定性。他在上帝之外确立了人的至高无上的地位。人像上帝一样，自我确定、自我奠基，这个抽象的主体没有时间性，没有人格，因而不受制于这个世界的有限性，反而是这个世界的绝对主人。人的意志与上帝的意志一样是无限的，因此人能够把一切事物构造为自己的表象，从而成为一切事物的主体。"思想"是一种意志，其基本功能就是将"被思者"构造为表象。"构造"行为是人的意志行为。现代人正是从这种"我思"出发，获得了与上帝一样的创造性能力。人与上帝的区别只在于人的认识是有限的、渐进取得的。除此之外，它几乎就是上帝。

正如弗朗西斯·培根在《古代的智慧：普罗米修斯》中说："如果我们考虑终极因的话，人可以被视为世界的中心；如果这个世界没有人类，剩下的一切将茫然无措，既没有目的，也没有目标，如寓言所说，像是没有捆绑的帚把，会导向虚无。因为整个世界一起为人服务；没有任何东西人不能拿来使用并结出果实。星星的演变和运行可以为他划分四季，分配世界的春夏秋冬。中层天空的现象给他提供天气预报。风吹动他的船，推动他的磨和机器。各种动物和植物创造出来是为了给他提供住所、衣服、食物或药品的，或是减轻他的劳动，或是给他快乐和舒适；万事万物似乎都在为人做事，而不是为它们自己做事。"① 这段话明确显示出，培根认为人是万物存在的目的。这可以看成另一个版本的略为弱化的人类中心主义。

以笛卡尔和培根的哲学为形而上学基础的现代科学，本质上是人的科学、人类中心主义的科学。

（二）自然的征服

宗教改革后的神已经从"实体性存在"变成"理念性存在"，笛卡尔版本的人类中心主义让人拥有如上帝一样无限的意志，而这个意志首先是指向自然的意志。在笛卡尔看来，上帝的意志就是它的理智，就是自然界中的因果性，而人的意志是思想。思想的基本功能是创造关于世界的表象，因此，"我思"把自我确定为世界表象的主体。正如上帝的无限意志支配自然界的各种变化，人的无限意志认识自然进而掌控自然。掌控的方法是，把自然界表象为一个数学的体系，把经验之流通过直观转变成物体

---

① 吴国盛. 什么是科学［M］. 广州：广东人民出版社，2016：157.

在数学空间中的运动。借助普遍数学，人类的意志认识并且掌控了这个数字化的自然。

正如笛卡尔的名言是"我思故我在"，培根也有一句名言："知识就是力量。"培根对人类知识不能转化为实际力量感到痛心疾首。他认为希腊人都是小孩，光知道娱乐、玩耍，把智力都用在不切实际的纯粹理论方面，很可惜。希腊学术都是"无聊老人对无知青年的对话"，应该让知识为人类造福，因为人类的知识就是人类的力量。"人类在一堕落时就同时失去他们的天真状态和对于自然万物的统治权。但是这两宗损失就是在此生中也是能够得到某种部分的补救的：前者要靠宗教和信仰，后者则靠技术和科学。"① 培根大声疾呼："让人类恢复其统治自然的权利，这种权利是神慷慨赐予人的。" 在培根看来，认识自然的目的是改造自然，这是为现代科学定下的一个基本目标。希腊人认识自然并不是为了改造自然，认识本身就是目的。但培根眼里的科学大不一样，必须把改造自然作为目的，而认识只是手段。正是这种新哲学使得现代科学并不是希腊意义上的纯粹科学，而是一开始就包含着实际运用的内在可能性。现代科学与现代技术之间有着内在的不可分割的联系，原因即出于此。我们中国人的确比较容易理解科学与技术这种密切的关联，我们一向科、技不分，我们缺乏理解的只是，为什么"现代"科学与"现代"技术那样密不可分？

现代科学本质上是一种有用之学，其原因在于，它建立在人类和自然的一种崭新的关系之上。由于自由的理念发生改变，由理性自由转化为意志自由，人与自然之间单纯的认知关系转化为操控关系。征服和统治自然的概念构成了现代科学的基本前提。

现代科学是从求真到求力的科学，这种求力方式或者说征服自然的理想是实验科学。

培根所说的科学不是单纯的观察，不是不声不响、不露声色地待在一边静默旁观，而是把事物抓起来，放到可以人为控制环境条件的实验室里，按照个人的意志，按照个人希望达到的目标，反复对它进行拷问。它不回答怎么办？你得给它点颜色看看，高温、高压、高浓度，或者低压、低温、低浓度。总而言之，在一种非自然的状态下，让它吐露奥秘，告诉你它的规律。所以，实验科学实际上是对刺激和应激反应之间稳定规律的寻求。比如，试着对某物做一个动作，再看它有什么反应，再把这个动作幅度放大一点，再看它有什么反应，慢慢地就得到了一套刺激—应激反应

---

① 吴国盛. 什么是科学［M］. 广州：广东人民出版社，2016：161.

规律。实验室科学的本质就是控制论科学，目标是控制自然，要自然吐露一些可控制的秘密。在实验室里，现代科学的很多特征表露无遗。最基本的是可操作性，这来源于现代的求力意志，来源于现代人把世界看作意志的对象。"我"的意志决定了"我"必定会怀着斗争的意识，以一种进攻的姿态来面对这个世界。世界是我搏斗和征服的对象。征服的方式首先是掌握自然界的刺激—应激反应规律。为了掌握这种规律，需要有步骤、有计划地进行刺激，进行试验，记录下应激反应的情况，最后归纳总结出稳定的规律。这里的步骤和计划就是所谓的方法论程序，也就是目标和手段最佳配置的方式。不同的目标要求设计不同的实验程序。实验程序相当于一套拷问程序，这个拷问程序取决于你究竟想得到什么。相当于你拷问犯人，首先要搞清楚你需要他回答哪方面的问题。不同的要求就要采用不同的拷问方案。这个拷问方案就是我们所说的实验方案。每一种实验方案都很清楚地显示自己是物理实验、化学实验，还是生物实验、心理实验，得到的是不同性质的结果。

　　以拷问的方式对待自然，成为现代科学的一个基本态度。康德在其《纯粹理性批判》第二版序言里强调，现代物理学之所以能取得这么大的进步，关键是它"迫使"自然回答问题。在对待自然的时候，理性绝不能表现得"像一个学生，被动地听老师讲，而要像一个被任命的法官，强迫证人回答他所提出的问题"。法国生物学家居维叶（1769—1832）也说："观察者倾听自然，实验者审问自然，迫使其显露出来。"① 实验室作为一个自然拷打室，发现了无数的自然规律，使人类得以有效地征服和控制自然，但同时也造成了人类和自然界的紧张关系。长久待在实验室里的人容易生长出一颗"无情"的心，因为实验室内在的逻辑就是这样要求的：你要保持冷静的头脑、客观的立场，不能夹杂情绪和主观臆想，不能对研究对象有任何同情之心，否则，你就拷问不出自然的秘密。

　　实验科学秉承的求力意志也是现代性的主导动机，因此，实验科学的精神也渗透到了人们的日常生活中。事实上，现代性已经把我们生活的世界改造成了一个大实验室。我们的整个社会生活、社会结构都已经按照实验科学所要的配置和结构进行了改造。今天居家生活中各种各样的电器都服务于高效率的生活。现代社会人际关系的处理、社会阶层的流动、文化的融合、新文化的创造、知识的生产都按照类似实验室的方式进行。现代社会科学越来越像自然科学那样去做研究、去搞统计、去搜集数据、去定

---

① 吴国盛. 什么是科学［M］. 广州：广东人民出版社，2016：168.

量分析。实验科学之所以被认为是普遍有效的知识典范，是因为现代社会本身就是一个大实验室。现代性生活必定以接受实验室背后的文化预设为前提。这个预设就是求力意志成为现代人之为人的基本标志。

这种新型的人文理想来自基督教及其演绎和变异，对我们中国人来说极其陌生。我们的文化本来并不主张一意孤行、人定胜天。佛教讲要破执，过分的张扬意志是一切苦难的根源。因此，在我们中国的文化背景下，不可能有这样的思想动机来推动现代意义上的实验科学活动。

（三）世界图景化：自然数学化与世界图景的机械化

世界图景化是求力意志的具体体现，其内在逻辑是作为世界主体的人按照自己的意愿对世界进行图景化、对象化。

人类从四个方面对世界进行图景化，分别是：数学化、空间化、时间化和机械化。

1. 数学化

数学化的意思是，人类用数学的语言来解读自然。自然的数学化这一过程可以追溯到古希腊。古希腊的毕达哥斯拉—柏拉图主义中，数学（算数和几何）是认识世界（哲学）的重要工具。但是在他们的概念中，数学不等于自然，它们的研究对象不同，是两个独立的学科。因此数学不能用于自然哲学（物理学）的研究。基督教神学和高度数学化的力学打破了数学和物理之间的壁垒。首先，基督教神学对亚里士多德的运动理论进行了修正，认为质是一种可度量的强度，和量所代表的广度相对应，而不是像亚里士多德认为的运动是物质向自然位置的有目的的移动。其次，力学作为数学学科有了极大的发展。伽利略用数学描述的方法来研究自由落体运动，发现所有落体运动都是加速运动，而且所有落体运动的加速度都相等，为新运动学奠定了坚实的基础。借助于对运动的数学和实验研究成果，伽利略建立了亚里士多德运动理论的替代理论。后来，笛卡尔追随伽利略的数学化方略，继续向亚里士多德自然哲学发起挑战。他不同意伽利略单纯描述数学而不做原因分析的做法，认为那样只是数学练习，缺乏物理学意义。他比伽利略更进一步，清算了亚里士多德的运动理论，提出了一整套替代方案，那就是机械论的、数学化的世界图景。

17世纪，牛顿的《自然哲学的数学原理》标志着自然数学化运动的成功，彻底地将物理学转变为一门数学化的科学。

古希腊时代数学之所以无法用于物理学，而物理学却必然用到数学，是因为数学本身也产生了巨大的变革。希腊数学和现代数学的研究对象不同：希腊数学的研究对象是具体的个体，现代数学的研究对象则是一般概念。可以说，希腊数学的研究对象是一次抽象，而现代数学的研究对象则是二次或多次的抽象。

自然的数学化以及世界图景的数学化带来的后果是：首先，它对于数据的依赖让我们与生活的世界产生了严重的疏离；其次，事物之间的差异被抹平，导致世界意义消失。

2. 空间化

受过教育的现代人的世界观都受牛顿的世界图景的影响。牛顿的世界图景包括三要素：空间、物质和运动。牛顿提出了绝对空间和绝对时间的概念，物质只有被纳入绝对空间和绝对时间之内，才可以被认识。

牛顿的空间概念不是古已有之的。在古希腊，亚里士多德的处所概念是主导性的空间概念，其基本要素是：处所和处所对物体的影响。他认为所有物体都有自然处所，只有处于自然处所时才是静止状态，否则就会朝着自然处所进行自然运动，阻止这一运动的就是受迫。在牛顿创造的现代空间概念里，物体和空间则是可以独立存在的，而且空间没有差异性。

现代空间概念兴起的契机一是哥白尼的"日心说"引入了地球的自我运动，从而打破了希腊人塑造的天球的封闭世界；二是笛卡尔的物质及广延思想，认为物质是可延续的，也是可以进行数学化的。后来，摩尔发展了笛卡尔的理论，认为广延不只是物质的属性，也是精神的属性，而且也是上帝的属性。既然空间是上帝的属性，那么空间必然是无限的，是超越物质的。他强调，我们可以想象没有物质的空间，但不能想象没有空间的物质。这样就把空间和物质成功地剥离开来，使空间成为纯粹背景和物质世界的舞台。牛顿既继承了笛卡尔的空间几何化思想，又继承了摩尔的空间绝对化、无限化思想，最终完成了现代空间概念的背景化、几何化建构。

3. 时间化

现代时间观念是单向线性的，但是在历史上这其实不是一个普遍的认识。事实上，几乎所有的文化都存在循环时间观，区别在于强和弱。例如，印度文化持有的是强循环时间观，相信轮回，认为世界会周期性地重演。因此印度人不注重记载历史事件，认为历史是重复出现的，没有什么不同。中国的阴阳时间观则是一个弱的循环时间观，认为一些历史特征会周期性地重演，但是不一定会严格地重现历史事件。这应该是中国人喜欢以史为鉴的原因之一吧！

古希腊的时间观也是强的循环时间观，毕达哥拉斯学派相信永生轮回，灵魂不朽。基督徒的时间观则是单向线性的时间观，认为未来是开放的、有希望的。现代人接受了单向线性的时间观的一大原因是现代科学技术的发明和工业革命带来的成果创造了前所未有的世界。因此，现代人认为未来是美好的、值得向往的，而人可以通过自己的努力，创造一个更好的世界。

时间观念在现代有很强的支配地位。在古希腊时期，时间的地位并没有这么高。古希腊人认为时间是运动衍生出来的概念；而现代人认为运动是时间和空间的函数。

时间之所以取得支配地位，是因为：①基督教强调时间；②机械计时技术的发展让每个人都能看到时间。在这一基础上，工业革命又进一步强化了时间的意义以及守时的重要性。因此，时间拥有了对现代人的支配权。

4. 机械化

现代世界图景的机械化的意思是：①通过机械类比或隐喻来理解世界；②用力学方式解释世界。

能否用机械来类比宇宙？古希腊人和基督徒对此有不同的答案。机械意味着有一个制造者。古希腊人认为宇宙是存在着的总体，不存在制造者，因此用机械来类比宇宙是错误的。基督徒认为，上帝创造了这个世界，但他不是这个世界的一部分，因此用机械来类比宇宙是合理的。

16—17 世纪机械类比的自然机械观的兴起有两大背景：①中世纪机械技术发达，人们拥有许多机械技术经验和背景；②现代实验科学要求对自然进行干涉，而不是放任自流。一开始人们利用当代最优秀的机械技术——钟表来类比宇宙，后来笛卡尔将其引申到人体的各个层面，将身体类比为精密的仪器。

因为认为事物本质上是机械，那么用力学的方法来研究它们就是必然的要求。牛顿力学的巨大成功，让物理学乃至整个科学都走到了这一条道路上。从某种意义上讲，全部自然科学（以及社会科学）都是机械论的，现代世界图景都是力学化的。

世界图景的力学化虽然提高了现代生活的效率和现代社会组织的理性化，却培养了无生命的意识。力学自然观所到之处，孤立、静止、片面的思维方式居支配地位。人们不再以同情的态度看待自己面对的一切。自古以来宇宙间无处不在的普遍联系被消解，寄托在这种关联之中的意义也随之消散。这也是现代性危机的深层根源之一。

第二节　东西方人性建构模式不同

一、东方人性的建构模式

由于东西方终极价值的追求方向不一样，追求的结果、思维方法、手段也不一样。

东方是以农耕为主的农业社会，是以血缘、情感为纽带建立起来的农业文明。

东方人性建构模式主要有：心—情—礼—善（人）—心（体验为主）。

它从人心的情感出发，以情感通，用礼教化，达到至善，最后又回归人心。

这种人性建构模式的着眼点在人、人与人的关系，或者人与人之间的伦理道德。它形成了东方（中国）以体验为主的亲情文化。

长期以来，中国是以农业为主的农耕社会。农耕社会的一个基本特点是安于一地，少有迁徙，定居、安居意识较强。背井离乡的人，被认为是很不幸的。人与土地绑在一起，"父母在，不远游"，"树高千丈，叶落归根"，"离乡不离土"。费孝通称之为"乡土中国"。中国人特有的籍贯概念就是对这种情况的一种反映。但是，从20世纪中国开始向现代社会转型以来，中国人开始频繁迁徙，籍贯慢慢丧失意义。

对于有籍贯概念的人群来说，地缘即是血缘：住在一起的人都是熟人，追本溯源差不多都是亲戚，都有或近或远的血缘关系。因此，中国的文化是典型的熟人文化。中国人在与熟人打交道方面有丰富的经验，但不善于与生人打交道。对待生人只有两种办法，要么把生人变成熟人，所谓"一回生，二回熟"；要是生人变不成熟人，就只有持敌对态度，"非我族类，其心必异"。这种熟人文化延续到今天，仍然为国人所熟悉。

中国传统社会是以家庭为本位的，通过血缘、生育、亲情、亲属、人伦等编织成一种以血缘和出身关系为尺度的日常生存和日常交往的圈子，这种血缘和情感圈子同狭窄和固定的地缘相结合就构成了传统日常生活世界的阈限，所以中国传统日常生活世界是一个血缘社会、一个亲情社会、一个熟悉的私人社会、一个复杂的人伦世界。费孝通在《乡土中国》中提出了表征中国以家庭为本位的传统社会的概念为"差序结构"。他认为，西方社会呈现出一种团体结构，一些相对独立的个体按一定的约定组成一个团体，在这种背景下，家庭是很小的，仅限于夫妻和子女。而在中国，家庭的界限是模糊的，它以血缘在不同方向、不同辈分上延伸而形成一个很大的圈子，就像把一块石头丢在水面上形成的一圈圈波纹，推出一个越来越大的亲属血缘圈子。人的衣食住行、婚丧嫁娶、礼尚往来都超不出这个以血缘和亲属关系为波纹的差序结构。在这里人伦关系十分重要，因为它清楚地展示出家庭关系和亲属关系的各个方面。

这种血缘社会的核心是亲情，所谓"亲"就是"近"，而所谓的"近"并不是物理意义上的近，而是血缘谱系中的近。比如亲兄弟比堂兄弟要近，堂兄弟比表兄弟要近。最亲近的是直系亲属，所以亲情首先是亲子之情。孟子曰："老吾老以及人之老，幼吾幼以及人之幼。"把血缘亲情文化的逻辑出发点定为亲子之情。一切亲情都是亲子之情的扩展和外推。不孝敬自己的父母而孝敬别人的父母，那一定是别有用心，比方说图谋人家的房子。不爱自己的孩子而去爱别人的孩子，很可能那个别人家的孩子其实就是他自己的孩子。亲子之情是古代中国人关于"爱"的最纯粹和最基本的理解，其他一切"爱"都是亲子之爱的某种外推和变种。男女两性之爱并不被中国文化所看重，相反，最终都通过婚姻关系转化为亲情之爱。夫妻之间"举案齐眉""相敬如宾"，明显不是现代人所理解的两性之爱，而是被礼仪规制的血缘亲情。

血缘文化因而就是亲情文化，中国是一个人情社会，这是亲情文化的表现。

农耕文化、血缘文化和亲情文化在"人性"的认同方面有自己的独特性。在漫长的历史时期中，占据中国文化主体地位的儒家，把"情"作为人性的根本，以"仁"概而言之，具有高度的概括性和深厚的阐释空间。孟子说"仁也者，人也"，把"仁"作为人性的根本。什么是"仁"？简而言之就是"爱"，"仁者爱人"。古代中国人认为动物无情无义无爱，因此总是把人与动物相比较来凸显人性。孟子认为"无父无君是禽兽"（《孟子·滕文公下》）。今人骂丧失人性者为"禽兽""衣冠禽兽"，或有认识到动物其实也有情有爱者，骂人则改用"禽兽不如"。"人"的反义词是"禽兽"。但需要特别指出的是，所谓仁之"爱"，是建立在血缘亲情之上的差等之爱，不是"一视同仁"的平等之爱，因为所谓血缘秩序本就是亲疏有别的等级秩序。

建立在亲子感情基础之上的"仁"是人的天性，"人之初，性本善"。但是随着年龄渐长，社会活动面扩大，人所面对的人群越来越多样化，所处的情境也越来越复杂，那种出自天性中的亲子之爱的"仁爱"需要扩大其外延。中国文化基本上是按照血缘文化准则对一切非血缘的社会关系进行血缘化处理。不仅比较重要的君臣关系、长官与下属关系、师生关系如此，一切人际关系都做血缘化处理。中国人称地方行政长官为"父母官"，要求他们"爱民如子"；中国人还讲"一日为师，终身为父"，都是对重要的社会关系进行血缘化处理。

既然一切人际关系都按照血缘亲情关系的准则来处理，而血缘亲情关系又是一种差序关系，那么，如何以一种差等有序的方式处理在同一场合出现的不同社会关系就成为一个重大的文化难题。中国人经常说"做人难"，说的就是处理各式各样的人际关系时遇到的困难和麻烦。在待人接物方面，对于特定的人，你既不能不够亲近，也不能过于亲近。对于同一个人，在不同场合，态度上的亲疏远近也是不一样的。因此，要处理好这些关系，首先要分清楚"亲"和"疏"，然后才能做到"亲亲疏疏"。过去有一句话，"谁是我们的朋友，谁是我们的敌人，这个问题是革命的首要问题"，实际上，这也是一个传统中国人做人做事的首要问题。这里的困难在于：大量非血缘关系在被比拟成血缘关系的过程中，存在相当大的不确定性。当不同的准血缘关系并置在一起的时候，如何不偏不倚、准确恰当地实现差等之爱，的确是一件相当困难的事情。

消除或减轻这种困难的唯一办法是发展出一套培养方案、教育模式，使人们在后天教育中习得这种理想的人性，这就是"人"之"文"。儒家的"人"之"文"是什么？一个字，"礼"。《礼记》说："是故圣人作，为礼以教人，使人以有礼，知自别于禽兽。"（《礼记·曲礼》）礼使人成为人。"克己复礼为仁"，礼是典章制度和道德规范，用以规范个人和群体的行为方式，也是通达"仁"这种理想人性的意识形态。说白了，礼就是让人意识到自己的身份，从而采取相应的恰当的行为方式。在礼节、礼仪、典礼中，每个人体会到自己在等级社会生活中的地位和角色，认识到谁亲谁疏，从而恰当地传达"仁爱"。《论语》讲得好，"不学礼，无以立"。所谓"做人难"，无非是礼没有学好，没有学到家，所以要"活到老，学到老"。每个人正是在丰富复杂的社会交往过程中，在后天学习"礼"的过程中，巩固和丰富了"仁"的内涵。

"礼"无处不在，体现在个人生活和社会生活的每个方面。从某种意义上讲，中国文化的主流就是礼文化。无论是四书五经、唐诗宋词、琴棋书画，还是天文地理、农桑耕织，都属于礼文化的范畴。但礼并不是教条，并不只是明文规则。礼一方面服务于仁，让人习得仁人之心；另一方面，礼的本质是在具体生动的生活实践中训练人的适度感，因为所谓仁人之心，不过就是明白自己的身份、地位和处境，从而以恰当的方式待人接物，既不能过分，又不能不及。学礼就是学习恰到好处地做人。

　　"仁—礼"就是中国儒家主流的"人—文"。道家、佛教是对中国主流文化的补充和调整。但儒释道三者对理想人性的构建模式基本是一致的。三者都是依靠心力,通过直觉体验、体悟来领悟人生的最高境界。像孔子领悟到了"仁",以此成圣。到了明代,心学家王阳明顿悟到了"心即理",又提出"致良知"的思想,提出了人人都可以成圣的观点。道家更是感悟了更为抽象的"道":"道之为物,惟恍惟惚。惚兮恍兮,其中有象;恍兮惚兮,其中有物;窈兮冥兮,其中有精;其精甚真,其中有信。"(《老子》第二十一章)佛教中的禅宗进一步提出了修行的不二法门——顿悟成佛,领悟了"空"。六祖慧能四句偈"菩提本无树,明镜亦非台。本来无一物,何处惹尘埃"(《六祖坛经》)充分体现了这种思想。

　　可以说,中国文化博大精深,儒释道三家相互融合,通过内心直觉体验,把人的心力提高到了前所未有的高度。占主流地位的儒家文化,通过"仁—礼"塑造了中国人的文化内涵。在仁爱的旗帜下,中国精英文化的表现形式更多的是礼学、伦理学,是实践智慧,而不是科学,不是纯粹理论的智慧。

　　中国之所以未曾发现科学方法,是因为中国思想的着力点在人心中的伦理道德。

　　中国也曾出现"人为"、寻找物力的路线,这就是墨家。如:"义,利也。利,所得而喜也。"(《墨子·经上》)

　　墨家的基本观念是功利。鉴定道德,不在于它是自然的,而在于它是有用的。墨子这一派的思想并没有发展起来,慢慢消亡了。中国以全部精神力量致力于发展另一条路线,这就是直接地在人心之内寻求善和幸福。

　　西方是在人心之外,依靠外力或物力寻求幸福。中世纪欧洲在基督教统治下力求在天上找到善和幸福,现代欧洲正力求在人间找到它们。奥古斯丁希望实现他的"上帝城",弗朗西斯·培根希望实现他的"人国"。

　　西方外求找到了科学,科学的用处是什么呢?两位现代欧洲哲学之父提出了两种答案。笛卡尔说是确实性,培根说是力量。让我们先跟随笛卡尔,以为科学之用在确实。我们立刻看出,如果是对付自己的心,首先就无须确实。柏格森在《心力》中说,欧洲发现了科学方法,是因为现代欧洲科学从物出发。正是从物的科学出发,欧洲才养成了精确、严密,苦求证明,区分哪是只有可能的、哪是确实存在的这样的习惯。

　　正如柏格森所说:"科学如果应用的第一个实例就是心,就很可能也不确实,含含糊糊,不论它取得多大的进展也是如此;或许它就永远不能分清哪些只是似乎不错的,哪些是一定要明确地接受的。"

在东方传统社会，人与人的关系是人与物关系存在和解决的前提。在西方社会，人必须通过对物的获取和占有，才能开始人与人之间社会关系的建构，但在东方却恰恰相反，人首先完成自我社会的建构，然后才能进入人与物的关系中。人一出生就生活在一个已定的、传统的、高度有序化的社会关系中。每个人首先要做的不是去征服世界、占有社会，而是必须服从社会、适应社会，学会按照社会规则去生活。只有这样才能真正进入社会，成为社会合格的成员。这里不是借助于物力，而是借助于人的自我调适、自我改造的能力，即"心力"。

人与人之间的关系是情感关系，比如你跟你父母的关系不是什么认识关系，它就是情感关系。你不能把最初的那种人与人的关系当作人与物的关系。你把别人当一个工具来利用，你把别人当枪使，这都是不对的。所以一开始就要排除物，它就是一种直接的人与人的关系，是靠血缘亲情来维系的。这样一种关系是伦理道德关系。这种道德不是理论理性，而是实践理性和实践智慧，它不是靠认识，而是靠体验，就像糖甜不甜，你只有尝过才知道。

人与人之间的情感是相通的，正如南宋心学大家陆九渊所说："人同此心，心同此理，往古来今，概莫能外。天理、人理和物理在我心中，心即理。东海有圣人出焉，此心同也，此理同也。西海有圣人出焉，此心同也，此理同也。千百世之上有圣人出焉，此心同也，此理同也。至于千百世之下有圣人出焉，此心此理，亦无不同也。"

中国这种人性建构模式，是建立在人类先天情感、感性基础上的，具有先天优势，具有基础性、奠基性，并通过直觉感悟创造了灿烂的东方文化，为最终到达天人合一模式提供了参照系。但这种人性构建模式也隐藏了它固有的缺点，并随着时代的进步，越来越多地体现出来。这就是在不同程度上压抑个体的主动性。个体的主体精神被限制在这复杂的关系网和差序结构中。这种以家庭为本位的人性构建模式，把关注点主要集中在人与人的关系上，突出对"心力"的开发，而忽视对"物力"的开发。既造成理性思维缺乏，又压抑个体意识发展。这种模式下的思维主要是经验、常识、习惯主导下的体验式悟性思维。它虽然具有宏观、整体、形象等优点，但模糊、不精确，缺乏分析、抽象、演绎等精确、确定的特点。因为你不可能像认识物一样认识人，进行解析、演绎、实验控制等，得出一个确定性结论。况且人本身就是一个谜，一个奇迹，一个有待规定者。

由于人是各种关系中的人，不是独立的个人，造成人的自我意识缺乏。不论儒家、道家还是佛教都倾向于把自我融入大背景中。儒家融入天，达到天人合一，成为圣人；道家融入自然，成为真人、仙人；佛教融入空，进入涅槃。

而现代社会是商业社会，商业社会的特点之一是竞争，竞争突出的是人的主体精神。虽然后期儒家心学突出人的主体精神，提倡个人独立，勇于自我表达，追求个性解放，但是一直难以突破儒家原有的人性建构模式，对普通民众启蒙有限。

总之，东方的这种人性建构模式突出了人与人、人与自然的和谐，注重人的感性思维，但忽视人的理性思维和人的主体精神，而这些却是西方人性具有的特点。

二、西方人性的建构模式

西方是以商业经济为主导的商品社会，是认知理性发达的工业社会。

心—知—科学—真（上帝/物）—心（反思为主），西方这种人性建构模式主要从人的认知出发，采用科学理性，起先是为了认识上帝，理性为信仰（上帝）服务。在后期，理性和信仰脱节，而是通过在事物中求真来认识上帝创造的世界（主要是自然界），认为真就是最高的善，然后再反观自身。

不管认知的是上帝还是自然界，都是外在于人的对象，是一种主客观关系，是人与物的关系，而不是人与人的关系。人与物的性质是不同的，所以人要和物发生关系首先是一种认识关系。你要占有物，就必须采取种种手段。你至少要把它抓住，要把它保有。这样你必须先认识它、理解它，知道你掌握的是什么物，它有什么性质、什么特点，就像你要发财，你要赚钱，你要从事什么样的行业，你必须对这个行业有所认识，否则搞不好的话，到手了也会失去。

这种人性建构模式的着眼点在物上，它是通过人—物—人来建构人性认知模式。

西方文明经常被称作"两希文明"：希腊文明和希伯来文明，它们之间有相当大的差异，但与中国文明放在一起看，它们有着明显的共同点，因此可以做一个总的概括。与中国典型和成熟的农耕文明不同，西方文明受狩猎、游牧、航海、商业等生产生活方式的影响，其农业文明既非典型也不成熟。希伯来人是游牧民族，而希腊人则是航海民族，他们都没有发展出成熟而典型的农耕文明。

希腊半岛土地贫瘠、粮食产量不高，主要产出是葡萄和橄榄，以及葡萄酒和橄榄油。为了获得足够的粮食，需要与近东地区进行贸易。爱琴海又极为适合航海。海面上岛屿星罗棋布，在目力所及的范围内总能看到一两个，因此，即使在航海技术水平很低的远古时期，人们也可以克服对大海的恐惧，往来其上。此外，希腊人是来自北方游牧民族的后代，有游牧民族的文化基因。

无论是游牧、航海还是经商的民族和人群，他们与农耕人群最大的不同在于，频繁迁徙而非安居是他们生活的常态。无论是《圣经》还是《荷马史诗》，都是讲漂泊的故事。漂泊的人群经常遇到生人，与生人打交道成为他们日常生活的一部分。因此，与中华民族的熟人文化不同，西方文明总的来看是一种生人文化。

由陌生人组成的人群，不可能以血缘关系为基础来组织。相反，血缘纽带必然被淡化、边缘化，一种新的社会秩序的构成机制在起作用，这就是"契约"。

西方文明的契约特征在希伯来文化中可以看得非常清楚，犹太教和基督教的经典《圣经》被认为是上帝与人订立的契约，具有神圣性、强制性。人类因为违约而受到惩罚。"约"在这里是规则，是共同承诺的规则，具有平等性和普遍主义的特征，不因具体的人和具体的情境而轻易改变。这一点与中国文化截然不同。中国人固然也讲诚信，讲道德自律，但是其依据并不是外在的规则约束，而是内心的良善。规则是末，良心是本，本末不可倒置。事实上，中国人通常比较轻视规则的神圣性，喜欢灵活机动、见机行事，过于依赖规则被认为是死脑筋、呆板、一根筋。中国人并不相信什么固定不变的规则，认为变化是宇宙的基本现象，因此要把事情办好，就得因地制宜、与时俱进，一切依时间和空间的变化而变化。这是东方特有的智慧，但容易导致契约精神的缺失。

契约文化要求一种什么样的人性理想呢？契约文化要求每个人都是独立自主的个体，要求每个人都能负起责任来，从而能够制定有效的契约并严格遵守。能够制定并遵守契约的人，必须是一个独立自主的个体。战争罪犯一定是高级军官。下层士兵当不了战争罪犯，因为在发动战争这件事情上，下层士兵不是责任主体，不是自己说了算的独立自主的个体。被"抓壮丁"的士兵怎么可能为战争负责呢？同样，让没有责任能力的幼儿签订商业合同也是荒谬的。契约文化要求每个人成为一个独立自主的个体，这促成了一种别样的人性理想，即把"自由"作为人之为人的根本标志。

自由本来不是一个汉语词汇，而是日本人对英语词汇 freedom 或 liberty 的翻译，跟"自然""科学"一样，是一个地道的日译汉语词汇。按照

《现代汉语词典》的说法，"自由"有三种义项：第一，是指法律范围内的一种权利；第二，是指哲学意义上通过认识事物而获得的一种自觉；第三，是指不受约束。第二种义项比较高深，通常人想不到这一层。

对前现代的中国人而言，"自由"是一个相当陌生的东西。对西方人来说则完全不是这样。我们都能背下来匈牙利诗人裴多菲（1823—1849）的名诗《自由与爱情》："生命诚可贵，爱情价更高；若为自由故，二者皆可抛。"也可以对美国人帕特里克·亨利（1736—1799）1775 年 3 月 23 日在弗吉尼亚议会演讲中说出的那句名言脱口而出："不自由，毋宁死！"自由作为西方文化的核心价值融入西方社会和西方历史的每一个宏大叙事中，融入无数的文学艺术经典中，纽约哈德逊河口由法国人民赠送的自由女神像成为美国的重要象征，希腊国歌的名字是《自由颂》，法国画家德拉克罗瓦（1798—1863）收藏于卢浮宫的名画叫《自由引导人民》，电影《勇敢的心》结尾主人公用尽全力高喊"自由"。实际上，不理解自由的真谛，就不理解西方文化。

那么，什么是自由？如何塑造自由的人性理想呢？为了塑造一颗"仁人之心"，古代中国人都要学"礼"，那么，为了塑造一个自由的灵魂，需要什么样的人文形式呢？希腊人的答案是：科学。

对希腊人而言，追求科学不只是获得一些信息和经验，而是借此追求永恒。永恒的东西之所以值得追求，因为它独立不依、自主自足，它是自由的终极保证。

所谓科学就是求真，希腊人相信有一个内在性世界，这个世界就是一个自主、自持、自足的世界，正如柏拉图所说的"理念世界"。柏拉图认为：物质世界不是真的"真"。"真"是独立存在的，先于和超于物质世界的，是永恒的、不变的。他划分开"永不改变、永远存在"的东西，称之为"形"，也就是"真"，也被称为"理"；"永在改变、永不存在"的东西，称之为"物"，也可称为"现象"或"象"。他认为"形"才是真，"物"只是象（"象"不是假，是虚）。"物"（象）是"形"（真）的一种显示。每一种"物"（象）都显示着一个"形"（真），但并非每一个"形"（真）都一定有显示它的"物"（象）。也就是说，有些"真"的存在是我们无从知晓的。最真的"真"是"至善"。它是唯一的，万物是由它而生的。后来，奥古斯丁就把这个至高的"真"变成了西方的上帝。"上帝"是真，是唯一的"真"。

所以黑格尔说："自由就是对必然的认识。"你认识了必然性，你就不再受它控制，你就自由了，也就是说认识到理念的逻辑（并且自觉遵循这种逻辑——在希腊人看来这是必然的）就是自由，没有认识到就是不自由。因为自由服从理性，就是服从内在逻辑，服从必然性。

西方的科学源于古代希腊。古希腊人建立了以追求确定性知识和逻辑演绎体系为主要标志的理性科学。

"自由"即成为"自己"，而"自己"只有通过永恒不变者才可达成。追求永恒的"确定性"知识成为一项自由的事业。作为自由的学术，希腊理性科学具有非实用性和内在演绎两大特征。自由的科学为着"自身"而存在，缺乏外在的实用目的和功利目的。自由的科学不借助外面的经验，纯粹依靠内在演绎来展开"自身"。希腊理性科学有两个层面，基础层面是"数学四科"，高阶层面是哲学。数学四科即算术、几何、音乐、天文学，后来成为"数学四艺"，被纳入"自由七艺"之中，是日后西方基础教育的重要组成部分。希腊数学是自由学术的典范。希腊算术并非"计算之术"，而是"数之理论"。希腊几何由于欧几里得《几何原本》传世，得以向世人展现几何学的要义在于严密的逻辑推理、完整的公理体系以及数学世界的内在秩序和确定性。希腊音乐是应用算术，通过研究数的比例了解音的和谐。希腊天文学相信天界不生不灭、接近永恒，是理念世界最完美的摹本，因而坚信天界唯一的运动就是天球的匀速转动。然而，观测显示，包括日月及太阳系八大行星的运动并不均匀一致，这对上述信念造成了严重挑战。正是这一挑战使希腊天文学致力于拯救行星异常的视运动，将其还原为均匀圆周运动的组合，这最终使得希腊天文学发展成了一门应用球面几何学。用球面层叠的方式解释行星的运动，预测行星的未来方位，是理性科学处理经验世界的最早的成功尝试，也为现代实验科学提供了示范。

除了数学四科之外，希腊理性科学的另一代表是哲学。希腊哲学从自然哲学开始，并非希腊人最早把理性的目光对准一个被称为"自然"的存在者领域，相反，"自然"和"自然界"本来就是希腊人的伟大发明。在早期希腊思想家那里，"自然"的基本意思是"本性""本质""本原"和"根据"。"论自然"即论万物之"本原"和"根据"；"自然的发明"意味着理性思维方式的发明，即通过内在性的方式（演绎推理）追究内在性（本性）。古代汉语中"自然"不是一个独立的词，而是两字连用。在老子《道德经》中多次出现的"自然"的意思是"自己如此"。现代汉语的"自然"一词来自日本人对英文单词 nature 的翻译。相信天人合一思想的中国文化从未把天地万物视作独立于人的客观对象，也从未将这个客观的存在者领域统一命名为"自然"。缺乏"自然"概念，是中国古代"科学"匮乏的决定性证据。

我们可以把希腊理性科学的精神称为"科学精神"。什么是科学精神？现在我们可以说，科学精神是一种特别属于希腊文明的思维方式。它不考虑知识的实用性和功利性，只关注知识本身的确定性，关注真理的自主自足和内在演绎。科学精神源于希腊自由的人性理想。科学精神就是理性精神，就是自由精神。

希腊理性科学贯穿了西方文明发展的始终，为现代西方科学所继承。理性是西方文化的核心，由理性主义衍生出经验主义，经验主义又进一步衍生出功利主义，即使后现代存在主义是反理性，也是理性。又由理性分化出主体，由主体演变成个体，个体再演化出自由。对欧洲人来说，理性最初为信仰服务，为上帝存在找到合理逻辑。可是到了文艺复兴之后，理性从相信神到质疑神，从而导致宗教改革和启蒙运动，推动了现代科学的发展和工业革命的爆发。但是西方人不能没有上帝，他们追求的至高的真没有消失。但是这个至高的真不再是过去永恒不变的、确定性的真，而是人们心中理解的不同的真，真发生裂变，宗教也随之分化成不同教派。上帝也不是固定的形象，不同人心中的上帝形象也不一样。这也为西方人创造性的发挥提供了平台。为了认识上帝的本质，西方人极大地发挥了自己的聪明才智，出现了各行业的政治家、思想家、艺术家，特别是科学家，可谓百花齐放，把西方文明推到了前所未有的高度，科技的发明和发现也带来物质文明的极大发展，并推向全世界。

可以说，西方对人性的认识，以物为媒介，通过理性不断反观自己。西方人把对象世界——宇宙或上帝视为一面镜子，通过这面镜子，个人不断反观自己，也就是反思自己。所以，西方人是不断通过对外物的追求来证明自己，由于上帝的本质是无法把握的，所以他们要拼命地去把握，要不断地去追求知识，要不断地追求真理，去接近神的世界，这样也造就了西方人不断追求的自由精神。

如果说西方通过理性塑造了一个独立自由的灵魂，那么东方通过感性（情感）塑造了一个人与人和谐的社会。

东西方两种人性建构模式，可以说塑造了两种人格类型：性灵人格和理性人格。孰优孰劣呢？

东西方终极价值追求其实都是一样的，就是都认为有一个天理，只不过西方把它抽象化为上帝。

东方认为这个理蕴藏在心中，心即理，所以这个心是包含宇宙本源的，是和宇宙本源连在一起的，所以这个心是性灵之心、情感之心，能感通万物，所以东方也就有天人合一的思想。

西方把理设在人心之外，所以西方的心是认识之心，是理性之心，它是一个不断外求的过程，这也能说明西方人知识论和认识论的发达。但由于人的有限性，终极的真永远得不到，所以导致了人的虚无。这种理性之心塑造的人格是无家可归的，每个人拥有了不可剥夺的人权、不可剥夺的利益，彼此之间是分离的。所以，西方只能借助宗教安抚那颗虚无的心。由性灵之心塑造的人格是有家的，这个家就是天下。按照王阳明的说法叫至善，他特别解释了《大学》三纲领"止于至善"。至善是什么？此心纯乎天理之极，我们的心没有别的东西，只有生命情感本身的天理作为我们唯一的标准，就是"止于至善"。

所以，中国人走个人主义道路，走出来的不是抽象的个人，而是至善的个人，至善的个人一定有他人在其中，在我们每一个个人之中。西方哲学到今天也终于发现，我们不能把一个"我"变成一个抽象的、孤独的个体，他人在自我的核心处。尼采深刻地体会到了欧洲人无家可归的状态。

中国人要树立的主体是天下关怀，是心灵主体的人格。我们从家开始，然后国，然后天下，这就是儒家思想。儒家是根本，儒家让中国人站在大地上，这个大地就是亲情和亲情传递给我们的责任。儒家又融合佛家和道家，道家启发人不要执着，佛家让中国人超脱生死的苦恼。儒释道三家合流把中国哲学推到最高境界，即陆王心学，以完成独立人格的树立和性灵主体的确立，以让我们的生命情感完成一次飞跃，这种飞跃就是君子真乐，是至善之人。

第六章　自我潜能的开发

人是这个世界最奥秘的生物。宇宙万物之中，人的奥秘是最特别的。如希腊三大悲剧家之一索福克勒斯（前496—前406）曾说："宇宙万物之中，没有比人的存在更值得令人惊讶的。"的确，有时深山旷野中的奇花异草，也能让人不禁赞叹造物者的伟大。即使在所罗门王时期，他的王冠、袍子，也比不上一朵野百合。因为人手所做之物，实在比不上天然之美。但事实上，宇宙万物中，居奥妙之最的，仍是人的存在，只是我们往往会视而不见。

人为什么这么奥妙呢？雅斯贝尔斯回答：一个人虽然是有限的，但其可能性却能够延伸到无限，这一点就使人成为一切奥妙中最伟大的。人的可能性代表着抉择的可能性。比如：我到图书馆看书，我就要选择一本书，要看多久，如何看，等等，这些都是我选择的可能性，几乎可以使我和无限接上线。所以，我在进行自我抉择的那一刹那，都觉得自己有无限的可能性，由此使我成为所有奥秘中最伟大的。

雅斯贝尔斯认为，人在这个世界上，有生有死，常有能力未逮之处。我们要设法使自己的潜能释放出来，让自己的心灵张开，以便能接触宇宙的内涵。也就是说要把自己的心灵敞开，让自己体会到永恒和无限的包围者或统摄者的奥秘。它的奥秘是属于精神领域的，从人的可经验之物到达意识本身再到达精神，每个人都可能抵达这个领域，因此不得不承认人是最大的奥秘。

所以，人生最可贵的机会，就是受教育的机会，人可借此逐渐摆脱本能的限制，而将生命的可能性延伸到无限。然而，读书只能吸收客观的知识，自己还须不断提升心灵，才能领悟到人之无限的可能性，此时所见万物皆有超越者之光辉表现。苏东坡曾说过一句话："凡物皆有可观，苟有可观皆有可乐，非必怪奇伟丽者也。"正足以说明此意。

人是身、心、灵的统一的整体。身就是指人的身体；心就是心智；灵，包含有灵性或灵魂的意思，灵能界定身心活动的意义，具有一种超自然的力量，而且是每个人都具有的，它能化解潜意识的情结的原点，使人身心和谐，进入超越界。

人的起心动念都离不开心智的运转，并且，若要力图振作，往灵性层次提升，都需要在心智上下定决心，找对方向。

心是生命的枢纽，心也就是心智，充满了潜在的能量。心智能量有如丰富的矿藏。它异于一般矿藏的是：如果没有善加开发与利用，它不会消极地等待及认命，而会积极地制造内在的困顿，使一个人不得安宁。心智的特色就是活泼流动，有如行船，不进则退，不上则下，稍有不慎就江河日下，甚至万劫不复。这种与生俱来的心智能量，使人忧喜参半。忧的是这一生都不可松懈，必须时时警惕，要像曾参一样"战战兢兢，如临深渊，如履薄冰"；喜的是这一生将可以不断成长，进而抵达孔子所谓的"发愤忘食，乐以忘忧，不知老之将至云尔"。孔子能够"忘食，忘忧，忘老"，正是因为他的心智潜能一直在实现中，并且向着灵性的境界推展。

心智潜能大致可分为三个方向，就是知、情、意。知是认知，情是情感，意是意志。这三者互动相连，在作用上循环往复。认知使人明白自己的定位、人我的分际与关系；情感可以孕育情绪与感受，喜怒哀乐尽在不言中；意志则是选择及行动的契机所在，由此造成一切变化。我们常说的"开发潜能"，所指的正是心智。

心智潜能流行的说法是 IQ、EQ、AQ，这三者分别属于智力智商、情感智商、逆境智商，这三种心智必须均衡发展，否则会互相牵制。以 IQ 而言，学无止境；以 EQ 而言，喜怒哀乐，"发而皆中节"；以 AQ 而言，能以昂扬的斗志迎向未来，不断超越过往的成就，体验生命日新又新的创意。

第一节　心的启发

有史以来，人类不断地对灵魂加以拷问：我从何而来，到何方去？一直找寻安身立命的密码。如何安顿人类的灵魂是人类的终极问题，西方在科学和宗教中试图依靠外力找寻答案，东方试图依靠自身内力提升获得答案。那么什么是灵？到底如何通达灵呢？

灵是真正的自我，是自我的内在核心，是统合身、心的力量。换句话来说，只有觉悟到灵，生命才不致分散，才会有一个明确的焦点。灵相当于儒家讲的"良知"、佛家讲的"佛性"。假如一个人言行举止都依照内在自我要求去做，那么这个内在的自我就会觉得愉快。如此一来，内心将产生一股稳定的力量，这就是灵的力量。灵可以与天下人沟通，同时每个人表现出来的灵又具有独特性。

灵可以展现人的充分条件，使人成为真正的自我，找到作为一个人的生命核心，并且突破死亡界限，使人不再局限于小我，使小我融入大我之中，进入一种超越的境界，达到至真至善至美的境界，不再为个人的是非、痛苦所煎熬，人不再局限于相对而倏忽生灭的世界中，而是看到一个大我，看到"我与天地并生，万物与我为一"的新天新地，看到自己身上的新生命。正如耶稣可以牺牲生命来拯救全人类，也可以说他看到了人类命运的共同体。

如何开放人的灵性呢？

人是身、心、灵统一的整体，其中心是人的生命活动中枢，它是由知、情、意三种潜能所组成的。心可以分别朝向身、心、灵三个方向发展，若发展方向为身，则执着于"有形可见之物"；若发展方向为心，则执着于"自身"；若发展方向为灵，则有成长及超越之可能性。

第一，发展方向为身。如果心是朝向身体的成就去发展，会执着于"有形可见之物"。这个世界上大多数的人都是朝这个方向走，想要追求有形可见的成就。然而无论这个成就拥有再多，最后都会让人感到虚幻，因为有形可见的成就很容易变质、失落，它与人类内心真正的需求是有距离的。因为外在的成就无论多高，都是可以被衡量的。既然可以被衡量，就必然有其限制，从而无法使心感到满足。

第二，发展方向为心。若朝心发展，则会执着于"自身"。执着于自身有两种情况：一是追求无穷的发展；一是想在变动中找到不变。可以分为知、情、意三个方面来探讨。

首先看"知"的方面。庄子曰："吾生也有涯，而知也无涯，以有涯随无涯，殆已。"一个科学家如果毕生致力于追求科学知识，每天都在实验室里做研究，看起来似乎是一件很了不起的事，然而，这样到最后可能会变成拥有丰富的知识理论，却忽略了实际生活，反而变成一个生活白痴，这就是一种追求无穷发展所造成的执着。

其次是"情"。情感是一种借由沟通、互动而产生共鸣的状态，因此在本质上是好的。然而，一个人若过于重视情感，则很容易陷入情感的执着。执着于情感本身，就等于要求一个变化的东西不变，这是不可能也是不合理的，到最后一定会失望。我们的心是不断在变化的，譬如每天早上起床后就想看看报纸，希望知道今天发生了什么事。这就反映了心的变化性。

最后看"意"的层面。全心坚信意志，叔本华和尼采就是这样的人。他们对于意志如此重视，以致几乎觉得生命是一个负荷。对尼采和叔本华而言，活着本身就是一种苦，因为活着就有欲望，而欲望是一种缺乏状态。换言之，活着就是处于缺乏的状态之中，永远无法得到满足。

可见，人心若往知、情、意三个方面发展，最终还是会失望。因为人的生命是有限的，不可能用有限的生命去追求无穷的发展，无论对知识、情感或意志都是如此。

然而，心还是必须有一个遵循的方向，因为心是一种能动的状态，随时都在变化，心若是没有了方向，就会变得很被动，等于是外界一有刺激，心马上受到影响并产生反应。如此一来，人的生命将习惯受直觉的刺激所摆布。想要化解这种情况，必须寻找一个正确的方向，而这个方向就是"灵"。

第三，发展方向为灵。灵是比心更高的层面，它可以让人的生命有统合的机会。人的生命往往是分散的，譬如，我们的身体不停地出现在各种空间，而注意力也随之分散，到最后连自己是谁都搞糊涂了。这就是缺乏统合所造成的结果。

如果心所追求的方向是灵，情况将大不相同，因为灵是一种统合的力量，可以给予一个明确的焦点。如果以灵作为方向，就会感觉自身的能量不再互相冲突、互相矛盾，而能够有所集中。只要能量一集中，将产生一种特别而稳定的力量。如此一来，不论发生任何事情，都能够看得比较远，也比较透彻，并且对自己的生命有一个完整的观点。

可以说，心是灵的载体，可以通过心的启发通达灵。那如何通过心的启发通达灵呢？

一、理想教育

心志所向，生命才会扎根福田。俗话说："人若有志，万事可为。"一个没有志向的人很容易迷失人生的方向，最终免不了庸庸碌碌，一事无成。立志是成功的动力，能让我们为实现人生的目标不懈地奋斗，凭借坚韧不拔的信念屹立在成功的巅峰眺望远方。

关于理想教育的必要性我们可以从海德格尔关于人的存在论的分析中看出。

海德格尔把人的存在称为此在，此在是被抛状态筹划的存在，它既具有被动的一方面，也有主动的一方面。被动的一方面，人是被抛入这个世界的，人的此在总是出现在某个特定的、独特的并且与他愿望相违背的地方，他是"被抛入他的此在"的。因此，被抛状态是一种广泛的存在方式。此在在世上存在，不得不把自己交付给世界，让世界与自己有所牵涉，此在在周围世界的压力下，有可能逃避自己，把自己"本真"的"存在"消融于他人存在的方式中，即沉沦于世界、共在中，使自己丧失"本真"的存在。但是此在也有主动的一方面，它在自己的存在中向可能性筹划自身，这种筹划是被抛状态的对立面。由于此在是有限的存在，是面向死亡的存在，死亡会唤醒我们去独自承担自己的生存，死亡会启发我们认识到，自己的决定是不容撤回的，死亡还会唤醒我们在自由和自我负责的条件下过一种真正的属于自己的生活。同时此在的存在具有三维结构——过去、现在和将来，过去滞留在现在，将来规划着现在。

所以，理想教育就是此在对自己的筹划，不至于落入非本真的存在。所谓非本真的存在，就是此在由于闲话、好奇、模棱两可导致此在的丧失。闲话就是"大家都这样说""别人都这么讲"。好奇就是人的心随着外界环境不断变化，不能停留在一个地方，必须不断在变化，好像一棵无根的树，不能回归自己的内心。模棱两可，就是听到别人的说法，然后有意无意地传播出去，到了最后，似乎两面的意见都有，好像没有人可以采取绝对的立场，各种意见纷至沓来，因而根本找不到真理。

这三个因素（即闲话、好奇、模棱两可）都会使此在丧失自己、迷失自己，使此在离开它的本分，丧失了本真存在的可能性。

可以说，此在很容易丧失在人群中，听别人怎么说就怎么说，以此来作为我们行事的借口，避开对自己负责的压力。可是久而久之，我们的生命将变成毫无自己的特色，那么，这样的生命到底有什么意义呢？你变成许多人之一，"之一"代表可有可无、可多可少的一分子而已。

所以，每个人面对此在本身时，他的此在能不能变成存在，都在于他自己的决定。换言之，我们每个人都是"此在"，都有可能变为"存在"，或者说本真的自己，但不一定皆能成功，这就得看你是不是选择成为你自己，当你选择成为自己时代表你是真诚的、属己的。一旦我们自己成为真诚的人时，就会快乐，因为自己无所遮蔽，可以让存在通过我们自身而表现出来。所以当一个人真心成为他自己，说出他想说出的话，本身就会显现一种力量，从而能获得他人的注意和尊重。

所以，为了不丧失自己，做一个真正的自己、真诚的自己，必须对自己的未来主动筹划，对自己的人生负责，要为自己的人生找到一个前进方向。

心学大儒王阳明从小就立下做"圣人"的志向，给我们树立了榜样。

王阳明说："志不立，如无舵之舟，无衔之马，漂荡奔逸，终亦何所底乎？"（《王阳明全集》卷二十六）

　　王阳明作为一代大儒，对立志和人生的关系有着独到的见解，他认为：一个人若是想做出一番事业，首先要立志，否则就会一事无成，即便是工匠技艺，也都是靠着坚定的意志才能学成的。

　　一个人的理想往往决定了他的高度。燕雀安知鸿鹄之志，鸿鹄要像大鹏那样展翅翱翔于九天之高，尽收天下于眼中，而燕雀没有那么远大的理想，自然是能够触及榆树就已经心满意足了。

　　有了高远的志向，成就事业才有了可能，立志是十分重要的。王阳明能成为一位洞悉心灵奥秘的心学大师，正是在其志向的引领下一步一步达成的。即便后来受到种种磨难，他也没有放弃。不只是王阳明，古往今来，每个有所成就的人物都为自己立下远大的志向，告诉自己要去哪里，然后向着目标不懈奋斗，直至成功。

　　立志后，万事就是一事。王阳明说："志不立，天下无可成之事，虽百工技艺，未有不本于志者。"（《王文成公全书》卷二十六），不立下大志，这天下就没有可以成功的事情，就算是学习技术，如果不立志也难以成功。王阳明在讲学中曾经对弟子说："你们学习一定要立下做圣人的志向和决心，每时每刻心中都要有一种'一棒子打出一条伤痕，一巴掌打出一道血印'的精神，只有这样听讲，才能感知每一句的力量，才能加深印象，每日如果糊里糊涂混日子，跟一块死肉一般，打骂不知道疼痛，最终也学不到学问的精髓。等到回家后，依然用老法子面对生活，等于浪费时间，这是多么可惜啊。"（《传习录（卷下）》）

　　志不强者智不达，可见确立志向在人生中多么重要。王阳明从小便心怀大志，那就是要读书做圣人。

　　王阳明始终觉得读书做状元不过是外在的成功罢了，只有读书成为圣贤才是内在的修为，才是人生的第一等大事。也正是因为拥有这样崇高的志向，王阳明才有了跟别人不同的人生。他的一生中，"读书做圣人"始终伴随着他的生活和工作，他也以此来面对生活中所有事情，最终开创了心学。

　　王阳明教我们"立志"，实际上就是让我们确立一种生命的姿态，一种背对动物性、面朝神性的姿态。一旦我们确立了这种姿态，就等于为平凡琐屑的日常生活赋予了一种神圣的意义。就此而言，我们可以说：所谓神圣的境界，并不是一个处所，而是一条道路。换言之，人永远不可能成为神，但人可以无止境地趋近神圣，过一种有价值、有意义的生活。正如熊十力所说："凡人无志愿者，则其生活虚浮无力，日常念虑云为，无往不是苟且，无往不是偷惰，无往不是散漫。……人必有真实志愿，方能把握其身心，充实其生活。"①

"持志如心痛，一心在痛上，岂有工夫说闲话、管闲事？"（《传习录（卷上）》）所以无论是做事、修身或者学习，都必须有一个明确的目标，如果一个人没有人生目标，就算有再大的力量和潜能，也会常常忘记自己应该做什么才能成功。目标就像人生大船上的舵，在关键的时刻可以让自己把握方向，拥有自由的人生。

这个"志"就是理想，是源自内心的坚定的信念；理想是火，点亮希望的灯；理想是灯，照亮前行的路；理想是路，引导我们走向成功。然而，一旦失去了德行，理想又能带我们走多远？所以王阳明认为：确立志向之时，倘若其志不正，则容易失之偏颇，惨淡收场；其志不高，则容易碌碌无为，一事无成。

王阳明和同辈人不一样，他从小立志要做圣人，也就是去探索宇宙人生的奥秘。为此，他习读百家书，曾遵从朱熹的"格物致知"去格万物，最后从陆九渊那里找到了圣人之道，还悟出了知行合一的道理。所以，立志最终要指向你将成为什么样的人，指向你内在的品格、人格，有什么样的人格，就有什么样的人生。

二、榜样教育

人生之路漫长而曲折，不进则退，难免疲惫、懈怠，面对艰难困苦不免出现灰心丧气、悲观绝望，这时我们应该怎么办呢？这个时候，如果身边或前人能给我们树立榜样，我们就不至于迷失，可以树立信心，有勇气继续走下去。榜样的力量具有潜移默化的作用。

俗话说："亲其师，则信其道；信其道，则循其步。"（《礼记·学记》）对学生来说，老师可以成为榜样，影响学生的行为。子曰："三人行，必有我师焉；择其善者而从之，其不善者而改之。"（《论语·述而》）所以，身边的人也可以成为榜样，互相激励。

同时，古今中外名人、圣人都可以成为榜样，向他们学习。以他们的精神点亮前方的路，他们有时能够给我们拨开云团，指引着我们继续走下去，而不至于半途而废，迷失自己。

有时，这些外在力量都可能无法促使我们前进，由于这些榜样毕竟都是人，都有自身的局限性，这时我们应该怎么办呢？这时还可借助信仰的力量。每个人都要有所信仰。西方信仰基督教、中东多信仰伊斯兰教、东

① 王觉仁. 神奇圣人王阳明：2［M］. 长沙：湖南文艺出版社，2014：78.

方主要信仰佛教等，有人说共产党人不信教，但他们也有信仰，他们信仰马克思共产主义。真信，就能真行。共产党人正是心中有了信仰，有了马克思、恩格斯、列宁等思想的指导，才取得中国抗战的胜利和中国人民的解放，才有了"不忘初心，继续前行"的勇气。世界上大部分人有宗教信仰，为什么这么多人信仰宗教？宗教和科学有什么关系呢？上帝到底是什么？如何避免迷信呢？

宗教可以说是对生命的终极关怀，一个人只要对生命产生根本关怀，他就会显示出宗教性。西方著名科学家、哲学家以及教育家怀海特说："在某种意义下，宗教和科学之间的冲突无伤大雅，只是被人过分强调了。若仅在逻辑上冲突，则只需要加以调和，双方的变化可能都不大。我们应记住：宗教与科学所处理的事件性质各不相同。科学从事于观察某些控制物理现象的一般条件，宗教则完全沉浸于道德价值与美学价值的玄思中。一方面拥有引力定律，另一方面拥有对神性美的玄思。一方面是看见的东西，另一方面没有看见，反之亦然。"[1]

信仰上帝，不是读读《圣经》、做做礼拜就行了。我们知道宇宙是一个变化的过程，那么我们所信仰的上帝是什么？怀海特说："上帝是终极的限制，上帝的存在也是终极的非理性现象。它的本性中为何有那种限制，是没有理由可说的。上帝不是具体，但他是具体实际性之根据。我们对于上帝的本性无法提出理由，因为那种本性就是理性的根据。"接着又说："我们所能进一步知道关于上帝的东西，都必须在特殊经验的领域中去追寻，因而必须建筑在经验的基础上。人类关于这些经验的解释差异极大。上帝的名称有耶和华、安拉、梵天、天父、天道、第一因、至高存有、变易等，每一名称都相应于使用者经验中引申出来的一套思想体系。"[2] 信仰的普遍内涵是什么？

信仰保障了人人心中都有个神或上帝，就是人的超越性，它代表人的无限可能性。这个所谓的神或上帝使人相信宇宙有最后的解释原理，以使宇宙中所有可能性都得到保障。他说："上帝是永恒的，世界是流变的；可是，说世界是永恒的，上帝是流变的，这是同样的真实。说上帝是一，世界是多；与世界是一，上帝是多，同样也是真实的。你说世界在上帝里面，或者说上帝在世界里面，同样是真实的。你说上帝创造世界，或说世界创造上帝，同样的，这也是真实的。"[3] 这并不是在否认宗教，而是凸

---

① 傅佩荣. 西方哲学与人生：第一卷［M］. 北京：东方出版社，2013：388.

② 傅佩荣. 西方哲学与人生：第一卷［M］. 北京：东方出版社，2013：388.

③ 傅佩荣. 西方哲学与人生：第一卷［M］. 北京：东方出版社，2013：390.

显出人的理性所了解的上帝，以避免迷信。怀海特所认为的宗教，是一种力量，"用来清洁我们的内部"。所以，真正从事心灵的清洁、内在的探险，这本身就是宗教的表现。因此，光说外在的皈依是没有用的，一定要由内在来转化自己。我们引用一段怀海特对宗教的看法，可以较为完整地表现他的见解："宗教是对某种东西之超视，这种东西既处在当前的事物之流中，同时又处在事物之外与之后。这种东西是真实的，但还有待于体现：它是渺茫的可能，但又是最伟大的当前事实；它使已发生的事情具有一定意义，同时又避开了人们的理解；它拥有的是终结的善，然而又可望而不可即；它是终极的思想，然而又是无法达成的探求。"

"人性对宗教的超视的直接反应是崇拜。当宗教开始在人类经验中产生时，是与野蛮人想象中最原始的幻想夹缠并现的。这种超视在历史过程中逐渐地、缓慢地与稳定地转化为更高级形式，并且有更清晰的表达方式。那是人类经验中的一项要素，历久弥新地显示向上的趋势。它消逝之后又重现。当它重振旗鼓时，就以更丰富与更纯洁的内容出现。宗教超视与它不断扩大的历史过程，是我们保持乐观主义的理由。离开了宗教，人生便是在无尽痛苦与悲惨之中昙花一现的快乐，或是瞬息即逝的经验中一种微不足道的琐事而已。"[1]

"这一超视所要求的只是崇拜；而崇拜就是在互爱的力量驱使下接受同化。这一超视从来不作否定，它经常存在，并充满爱的力量——这种爱的力量代表一种目的，完成这种目的就是永恒的和谐。我们在自然界中所看到的这种秩序绝不是力，它表现为复杂细节之间和谐的适应。恶就是兽性的驱动力，它要求达到的是支离破碎的目的，而不管永恒的超视。因此，恶才会否定、阻挠与伤害。上帝的力量在于它所引发的崇拜，一种宗教的思想方式或仪式，若能促使人们领会到高于一切的超视，它便是强大的。对上帝的崇拜不是安危的法则，而是一种精神的探险，是追求无法达成的目标之行动。压抑高尚的探险希望，就是宗教灭亡的来临。"[2]

许多信仰设有偶像，可以说是一种榜样，偶像的存在目的是作为一个桥梁，让一般人可以通过它找到它背后所要象征的真实，因为真实本身是不能显现出来的。换句话说，偶像不过是工具性的目的，它的存在就是为了被打破、被超越。偶像之所以存在，是因为人的生命是具体的，人有眼睛、耳朵，必须有能够看和听的对象，才能够吸引我们的注意力，让我们比较容易专注。因此每一种宗教或信仰，必定都有某种形式或某种程度的

① 傅佩荣. 西方哲学与人生：第一卷 [M]. 北京：东方出版社, 2013：391.
② 傅佩荣. 西方哲学与人生：第一卷 [M]. 北京：东方出版社, 2013：391.

偶像。

偶像或榜样可以说是给人一种直观的力量，可以促使人们不断完善自己的风格。

三、文化教育

关于文化教育，先看看西方的怀海特怎么说。怀海特是英国著名科学家、哲学家、思想家，他一生从教 54 年，对教育有着独特见解。他认为教育的目标有二：第一，要有文化的修养；第二，要培养专门知识。当然，我们知道教育有通才教育和专才教育。"通才"指的是对各种学问都能欣赏；"专才"指的是要有专业的知识。然而，怀海特的解释不太一样。他认为通才是培养"文化"的素养，而"文化"是思想的活动、对美的领会，以及对人性情意的感知。一个有文化素养的人，必然具有下列三个特点：第一，有自己的思想活动，如果无思想活动，怎么表达出一个人的文化素养呢？第二，有自己的审美趣味，能够欣赏"美"是一种文化素养。第三，能够在功利的世界上保持一种乐观的心态。

如何建立文化素养的通才教育始终是个难题。通常，通才教育不像专才教育那样容易，一般而言，学习专门知识并不难，只要按部就班地通过求学阶段，最后总能拥有一技之长。而通才教育涵盖的范围过广，包括了思想上、艺术上、文学上的一切珍品，必须根据对象因材施教；更重要的是，它属于每一受教育者独立自发的成就，须以全盘生命的历程去验证。在古代西方，这正是柏拉图式的理想教育，这种理想，"曾鼓励了艺术的发展，曾培养了无所为而为的好奇精神而孕生了科学，也曾使人类维持了心灵的尊严，以伸张思想的自由，排斥物质的势力"。谈教育而不注重这种教育，如何算是教育？

所以，怀海特说："一个年轻人应该学习专门知识，以进入世界、找到职业，从而达到立足安身。但是，文化的修养，可以带他们到深刻如哲学、崇高如艺术的境界！"① 换言之，一个有文化素养的人，听到哲学时，应该会产生一种向往，因为这代表着他的心灵是活泼的，能体悟到宇宙的生命力，而不只是为了谋生而陷入僵化、固定的模式，这样才是教育成功的表现。

而教育之目的，是始于创造力，终于创造力。因此，教育要避免惰性观念。物理上的惰性就是重量，东西一定往下掉，石头一定往下滚，一直

---

① 傅佩荣. 西方哲学与人生：第一卷 [M]. 北京：东方出版社，2013：385.

到不能掉、不能滚为止。人也是一样，站着不如坐着，坐着不如躺着。观念亦有惰性，这惰性何在？就是告诉你一些陈词滥调，教你不要思考。反之，如果让你去思考，在思考的过程中，不断使你产生新的解释与疑惑，这就是创造力。教育以此开始，并且以此结束。

另外，怀海特还强调，教育一定要应用。他说："最好不要教太多课目，教的课目要让学生了解透彻。所谓应用观念，是将它纳入生命之流，其中包含感受、知觉、希望、欲求和种种调解思想的心智活动。"① 观念要用，用在我们的感受、知觉、希望、欲求以及种种心智活动上去，否则读哲学、听音乐、看小说时，感受都一样，有什么用呢？所以，你听到一个观念，就要慢慢地应用到生活里的每一方面去试试看。怀海特说："一个大学毕业生，一定要把课本及笔记遗失或焚毁，忘掉为准备考试而记诵的全部条目，然后自问学到了什么，这才是他所学到的。"② 就如你走在路上，有人问你对马克思有何了解，总不能再拿出笔记来看看吧！所以，读书不是记一记就算了，一定要去想它、消化它，之后于生活中运用出来，这才是读书。显然这是"知行合一"的构想。所以，教育除了专业知识之外，一定要以培植文化素养为主。

中华文化源远流长，绵延了 5 000 年而不灭，是世界上持续时间最长的文化，展现了中华文化无穷的魅力，中华传统文化是中华文明成果创造力的根本来源。它融合了儒、释、道三家文化的精华，中华传统文化通过悟性思维方式领悟了很多终极理念，佛家顿悟到"空"、人的"佛性"，儒家体悟到"仁""良知"，道家领悟到"道"，并留下众多典籍，其中最重要的典籍有"三玄、四书、五经"，人们根据这些经典不断阐发出新的思想，它是中华生命力、创造力的来源。它是集伦理教育、艺术教育与哲理教育于一体，礼乐并重的教育。而西方文化是通过宗教来进行道德教化和艺术教化的，西方艺术中，百分之九十都是宗教艺术。在西方，礼乐的教化大都是通过宗教来进行的。

中国没有像西方那样的宗教形式，但是我们的文化通过礼乐教育也可以达到西方所企及的高度，甚至能够达到西方没有的道德境界和审美高度。

（一）中国伦理教育

中国人不仅讲"天人合一"，也强调"真善美"的统一。道德的追求

---

① 傅佩荣．西方哲学与人生：第一卷［M］．北京：东方出版社，2013：386.
② 傅佩荣．西方哲学与人生：第一卷［M］．北京：东方出版社，2013：386.

和艺术的追求在极致点上是完全汇通、合二为一的。不仅如此，中国人还把艺术精神贯彻到日常生活中。有人说，中国人的生活是艺术的生活。可以说，中国文化中渗透了一种追求艺术境界的艺术精神，礼乐教化就是其中最重要的部分。孔子曰："兴于诗，立于礼，成于乐。"（《论语·泰伯》）"兴于诗"，就是从《诗经》开始，然后"立于礼"，最后"成于乐"，这里的"乐"是包含诗歌、音乐、舞蹈等所有的艺术教育或美育。即通过乐来完成对一个人的培养。这就是把乐看成人格完善的最高境界。

比如宋代有一位学者周敦颐，写过一篇短文《爱莲说》：

> 水陆草木之花，可爱者甚蕃。晋陶渊明独爱菊；自李唐来，世人盛爱牡丹；予独爱莲之出淤泥而不染，濯清涟而不妖，中通外直，不蔓不枝，香远益清，亭亭净植，可远观而不可亵玩焉。予谓菊，花之隐逸者也；牡丹，花之富贵者也；莲，花之君子者也。噫！菊之爱，陶后鲜有闻；莲之爱，同予者何人；牡丹之爱，宜乎众矣。

这篇作品很短，但其中的寓意是非常深刻的。"水陆草木之花，可爱者甚蕃"，就是说人们喜欢水里、陆地上的草本花朵，是非常多的。东晋的陶渊明最喜欢菊花，陶渊明有一首诗写道："采菊东篱下，悠然见南山"，就有很美的意境。

而自李唐以来，人们都喜欢牡丹花，因为牡丹花代表富贵。周敦颐却说他自己唯独喜欢莲花，原因是莲花出自污泥却不曾被污染，在清水中也不显得妖艳。虽然里面是空心的，外面却是笔直的，不蔓不枝，香气还传得很远。亭亭玉立地静静站在那儿，只可以远远地欣赏它，而不能随便将其拿在手中把玩。

他说，菊花是花中隐士，陶渊明是隐逸者，所以他喜欢菊花；牡丹是花中代表富贵的花，因此受到大多数人的青睐；而莲花是花中君子。

最后，他感叹说：在陶渊明之后，很少听说有人喜爱菊花；跟我一样喜欢莲花的还有什么人呢？也很少了；而大家喜欢牡丹，就是因为世人大多数是喜爱富贵的。

通过对三种花的比较，他就突出了三种花的品格，更凸显了喜爱这三种花的人的不同追求。

再比如范仲淹在《岳阳楼记》中发出的"先天下之忧而忧，后天下之乐而乐"的感慨，应该是为大多数人所熟知的，是流传至今的名句。这样的名句，不仅辞藻优美，而且含义深刻。像对联"未出土时就有节，及凌云处尚虚心"，用竹子来比喻人的高尚品格。人就应该像竹子一样，要有节操，而且就算到了再高的地位也要虚心，要谦逊有礼。

中国文化通过这样的艺术精神来传载人的品格和精神境界，它引导人们向善、向上。它不仅起着教化民众、陶冶性情的社会责任，而且通过艺术的修养，通过文以载道、以道统艺，来提升欣赏的趣味、审美的境界，进而体悟生命的意义和人生的价值。

可见，在中国文化中，不仅有伦理的修养，而且一定包含艺术的修养。

（二）中国艺术教育

中国文化是艺术化的文化。中国有很多艺术表现形式，单从文学上讲就有汉赋、唐诗、宋词、元曲和明清小说。从音乐上来讲，我们的音乐样式也是多种多样的，不但有传统艺术，还把外来的音乐、舞蹈都吸收进来，使之变得异常丰富。一直延续下来的就有琴、棋、书、画，如果继续上溯，还有六艺，诗、书、礼、乐、射、御，这些都是我们艺术宝库中的精髓。

比如古琴和昆曲。中国的古琴是世界上流传至今的弹拨乐中最古老的一种乐器，到现在至少有三千年的历史了。而中国的昆曲可以跟印度的梵剧、希腊的悲剧、日本的古典戏剧"能"剧相提并论，但无论是从剧本文学艺术、音乐演唱艺术，还是舞台表演艺术以及整个的戏曲理论体系来讲，昆曲都更胜一筹。希腊的悲剧早已消亡，只剩下了一些文学作品，印度的梵剧只是零零散散地存在于现在的印度舞蹈中，日本能剧的历史比昆曲要早几百年，但它从剧本到唱腔，再到表演艺术理论都没有昆曲那么完整和丰富。因此，昆曲可以说是这四大戏剧中保存最完整、流传最广泛的。

2001年，中国的昆曲被列入世界非物质文化遗产名录。2003年，中国的古琴也被列入世界非物质文化遗产名录。这些例子说明，中国的某些艺术在世界上已经达到了一个顶点，其价值是无法估量的。

（三）中国哲理教育

中国的哲学就是生命哲学，儒、释、道三家都把人生的境界提升到难以企及的高度，西方的宗教也无法与之媲美。它的天人合一模式、中庸之道、辩证思维，囊括了宇宙观、世界观、人生观以及认识观，对认识世界以及未来发展具有重要的指导作用。

我们可以通过中医窥其一二。

中医对于生命的认识，其实也是中国文化中对于生命的认识。中医认为，生命来源于天地之气，天地之元气是生命的本源。

庄子就讲过："通天下一气耳。"天下都是一种"气"。"人之生，气之聚也；聚则为生，散则为死。"（《庄子·知北游》）人的存在就是气的集聚，气聚就是生，气散就是死。

中国的整个思想体系都认为生命就是"气"的生成。具体来讲，可以说是精气与浊气的结合，浊气形成人的形体，精气成为人的精神活动的来源。精气实际上在某种程度上也指一个人的生命力。因此精气与浊气二者缺一不可，要形神相结合，才会有一个生命体的产生和存在。

东汉著名的哲学家王充说："天地合气，物偶自生，犹夫妇合气，子自生矣。"（《论衡·自然篇》）天地阴阳之气相合，就产生万物，人完全是自然的一个产物。

历代的思想家、医学家都强调气的根本性，指出生命如果离开了气，就会结束。董仲舒在《春秋繁露》中讲道："民皆知爱其衣食，而不爱其天气。天气之于人，重于衣食。衣食尽，尚犹有闲，气尽而立终。"

人们都知道珍惜衣服和食物，却不爱"天气"，这个"天气"指的是人秉承的元气。"天气"对于人来讲，比衣食重要得多。衣服穿坏了，食物吃光了，都没有关系，可以想办法再找。但如果气尽了的话，马上就死了。气对于生命来讲是十分重要的。

中医最重要的经典之一《黄帝内经》中也讲道："天覆地载，万物悉备，莫贵于人。人以天地之气生，四时之法成。"认为人禀受了天地之气而生，应当按照四时运行的规律活动。

中医常常讲先天、后天。人在出生之前，是秉承天地之气而孕育的，这时的气就是先天之气；而生下来之后，又无时无刻不在呼吸，这就是后天之气。人有先天之气和后天之气，而后天之气又在不断地补充先天之气。中医认为，生命就是先天之气和后天之气的结合，气盛，生命就旺盛；气衰，生命就衰竭。如果气尽的话，那么这个人就死了。

所以，"气"可以说是中医理论的一个根本出发点，中医通过"气"把天地万物连在一起，强调宇宙万物整体关联的思想。

同时，中国文化用辩证的思维来看宇宙万物运转。《周易》中讲道："一阴一阳谓之道。"中医认为气有阴阳。阴阳平衡是人体健康最根本的因素。如果阴阳失调，就会产生各种各样的疾病。阴阳理论是中医的根本理论，它利用事物之间对立统一、相辅相成的规律来判断和分析人的生理状况和病理状况，然后进行相应的治疗。也就是说，它看到事物之间实际上都是相互联系的，一个地方过盛了，另一地方就会衰弱。

中医的治病原则就是要维持阴阳的平衡。要维持阴阳的平衡，首先就要辨明阴阳的消长，看什么原因造成了阳的过盛，或者反过来，看是什么原因造成了阴的过盛。

中医的阴阳平衡理论是对中国传统文化思维方式最基本的运用。中国传统文化最根本的特点就是中庸之道。所谓中庸，也可以倒过来说，叫庸中，即用中。

为什么要用中呢？因为中就是维持事物的平衡。如果事物失去了平衡，就会产生偏差。平衡就是适度，既不过，也没有不及。我们吃东西吃得过饱了，就会有问题；吃得不够，也会有问题。不管是过饱也好，饥饿也好，都会使身体不适。因此，中医认为一切疾病都来自阴阳失衡，也就是失了中道。

阴阳理论就像辩证法讲的对立统一，既要讲平衡、统一，又要讲矛盾、斗争，之所以要平衡，就是因为有冲突。阴阳如果没有冲突，为什么还要讲平衡呢？根本没有必要。阴阳平衡理论的核心就在于维持人各方面的平衡，达到一种安定和谐的状态。这与生物学讲人体稳态、群落和生态的平衡是一致的。

此外，中医还有一个最基础的理论，就是五行学说。五行学说也是中国文化中一个非常有特色的理论，就是把天地万物归纳成金、木、水、火、土五大类，认为这五类物质之间有一种相生相克的关系。五行学说认为人作为一个生命体来讲，是一个整体，其五脏六腑是相互关联而不是孤立存在的，这可以说是一种非常整体的辩证思维。

中国古人讲："上医治国，中医治人，下医治病。"中医是把人作为一个整体来治的，而不仅仅是治局部的病。

中医这种局部反映整体的思维方式，可以说体现在方方面面，比如说现在非常流行的足疗，实际上就是足底按摩，中医认为脚底虽然只是人的一部分，但它却能够反映全身的状况，所以足疗可以医治各方面的病。同样还有手，手掌的每个部分也都反映了全身各个部位的状况。中医强调的就是整体与局部的关系，整体之中的每个部分之间都是息息相关的。

阴阳理论反映的是平衡，五行学说反映的是整体的相关性，这些都可以说是中国文化最根本的理念，也是宇宙最根本的规律。中医正是运用了这样一种求实的精神来构建它的理论体系。

同时，中医还提出"三理"养生理论。所谓"三理"养生，就是从生理、心理、哲理上来养生。我们通常认为养生是从生理、心理上进行的，没想过从哲理上进行。

什么是哲理养生呢？哲理养生是更高层次的养生，涉及每个人的人生观、世界观。简单说，就是你悟透了人生的道理，悟透了世界的道理。那么，怎么样叫悟呢？

明末清初有一个著名的思想家叫王夫之，他就提出了一些哲理方面养生的说法，叫作"六然四看"。

"六然"指的是什么？

第一，自处超然。自处就是自己对待自己。自己怎样来看待自己呢？要超然。态度要超然，也就是说，要乐观、豁达。

第二，处人蔼然。处人是对待别人，就是说对人要非常和气，与人为善。

第三，无事澄然。没有事情的时候要"澄然"，澄就是非常清澈、非常宁静的意思。就是说，没有事的时候要非常宁静。如果说自处超然有点淡泊的意思，无事澄然就是宁静，宁静可以致远。

第四，处世断然。就是处事有决断，不能优柔寡断、犹犹豫豫。

第五，得意淡然。就是说得意的时候要淡然，不居功自傲，忘乎所以。

第六，失意泰然。失意时候要泰然处之，别把它看那么重。

自处超然、处人蔼然、无事澄然、处事断然、得意淡然、失意泰然这六个"然"，不就是一种人生态度、一种人生观吗？

那么"四看"是什么？

第一，大事难事看担当。遇到大事难事，要看你能不能勇于面对它，是不是不回避、不逃避，勇敢地承担起来。

第二，逆境顺境看襟怀。碰到逆境或处于顺境，就要看你的襟怀够不够豁达，能不能承受得起。

第三，临喜临怒看涵养。碰到了喜事或者令人恼怒的事，换句话说，就是得失了，喜就是得，怒就是失，就要看你的涵养，能不能宠辱不惊。

第四，群行群止看识见。所谓行止就是去留的意思，碰到去留的问题，就要看你的识见，看你能不能做出正确的判断，该去就去，该留就留。

大事难事看担当、逆境顺境看襟怀、临喜临怒看涵养、群行群止看识见，这"四看"实际上就是一种对人生、对社会很透彻的了解和把握。这些都是在更高思想层次上来讲的，因此叫作哲理养生。

哲理养生使人看到人类的疾病不仅仅停留在生理、心理上，文化上也是影响因素之一。哲理养生就是培养一种正确的人生观、世界观，这对人的健康而言可能具有重要意义。也就是我们常常讲的要心胸开阔、心境平和。而这停留在心理层面上解决不了，必须上升到高层次，即人生的意义、人生的价值的认识层面才能解决。

可以说，中医的思想，不是仅仅针对某一具体的实际的病，而是从整体上来治疗。从饮食、起居、心理、哲理各方面进行总体调节。也就是把一个人看作一个有生命的个体，生病不可能只是个体某一部分孤立地出问题了，一定是整体上都有问题。

用这样一种整体的辩证的思维方式来看待一个生命体，应该说是中医最根本的一个基点。治疗要有整体的调适，只有整体的调适才能从根本上治好病。中医讲固本培元，就是要从根本上入手，治标必须治本，或者标本兼治。可以说，在中医里面，处处体现了整体观念、相互关联、以本统末的观念。

可见，中医理论集中体现了中国文化中天人合一、整体关联与辩证思维观，这是中华文化的价值、意义所在。

四、审美教育

美是什么？为什么要进行审美教育？美育有哪些作用呢？

美是什么？最早认为美是和谐，美是客观的，但是不识字的人也可以欣赏美，说明美又是主观的。康德认为美是无目的的目的性，美既不是认识，也不是行动，所以无目的。而德国美学家席勒（1759—1805）认为美能够给人带来自由，使人的感性与理性达到统一融合，使人成为一个完整的人。我国美学家朱光潜认为，美感经验就是形象的"直觉"，美就是事物呈现形象于直觉时的特质。

我国古代把审美教育与道德教育融为一体。既重视诗，认为它可以兴观群怨，也重视礼乐，以为"礼以制其宜，乐以导其和"。有"兴于诗，立于礼，成于乐"之说，使人到达内具和谐而外具秩序的生活。儒家认为美育是德育的必由之路，道德并非对陈腐条文的遵守，而是至性真情的流露。所以德育从根本做起，必须怡情养性。美育的功用就是怡情养性，是德育的基础功夫。善和美不但不冲突，而且达到最高境界，根本就是一回事，它们的必要条件同是和谐和秩序。从伦理上看，美是一种善；从美感上看，善也是一种美。一个真正有美感修养的人必定同时也有道德修养。

美育是德育的基础。英国诗人雪莱在《诗的辩护》里也说道："道德的大原在仁爱，在脱离小我，去体验我以外的思想行为和体态的美妙。一个人如果真正做善人，必须能深广地想象，必须能设身处地替旁人想，人类的忧喜苦乐变成他的忧喜苦乐。要达到道德上的善，最大的途径是想象；诗从这根本上做功夫，所以能发生道德的影响。"① 换句话说，道德起于仁爱，仁爱就是同情，同情起于想象。诗和艺术对于主观的情境必能"出乎其外"，对于客观的情境必能"入乎其中"，在想象中领略它、玩索它，培养同情。这种看法与儒家学说一致。儒家在诸德中特别重视"仁"，"仁"近于耶稣的"爱"、佛教的"慈悲"，是一种天性，也是一种修养。仁的修养就在诗。如儒家所说："温柔敦厚，诗教也。"诗教就是美育，温柔敦厚就是仁的表现。

为什么美育能成为道德的基础呢？道德需要自由。比如个人有选择行善或行恶的自由，这就是一般人观念中的意志自由，而美育和艺术是产生这种自由的基础，艺术中展现的自由就是人心灵获得解脱。如席勒所说："在这种自由心境中，感性与理性同时活动从而彼此抵消，心绪既不受物质的也不受道德的限制。这种实在的和主动的可规定状态，叫作审美状态。"又说："美在心绪中不产生任何具体的个别的结果，只是给人自由，而这种自由正是人在感觉时或思维时，由于片面的强制而丧失了的。所以，美的作用就是：通过审美生活再把人进入感性的或理性的被规定状态而丧失的人性，重新恢复起来，这一点与自然对人的作用是一样的，自然也只是给人以取得人性的功能。自然是人的本来创造者，美是人的第二创造者。"② 艺术不仅是创造性的情感表现，同时它还具有建构性的过程。艺术家从事的创造过程，一般人从事的欣赏过程，都是生命之被动性化为生命之主动性。人的感受原是被动的，而从事艺术欣赏可以使心灵不再只是被动地接受刺激，更可以进一步地主动掌握人们所接触的对象。就如卡西尔（1874—1945）所写："在欣赏莎士比亚的戏剧时，我们并未浸染到麦克白的野心、奥赛罗的嫉妒、理查三世的残忍。我们在此感觉到的是我们所有激情的高度紧张。不过，我们同时也看到，这是创造性形成的最大力量，而正是这种生活的、创造性的力量，具有一种使各种激情本身发生变化的能量。正如哈姆雷特所说：'它在我们狂烈的难以驾驭的激情风暴中，给我们带来了一种宁静。'"③

在艺术欣赏中，我们平常的感受、情绪、激情都发生了根本的变化，

① 朱光潜. 无言之美［M］. 彭锋，编. 北京：北京大学出版社，2013：177.
② 傅佩荣. 西方哲学与人生：第二卷［M］. 北京：东方出版社，2013：70.
③ 傅佩荣. 西方哲学与人生：第一卷［M］. 北京：东方出版社，2013：261.

从被动性转变为主动性，纯粹的接受性转变为自主性，我们这时候所感受的并非单一或简单的情感状态，而是人生的极端，包括了快乐与忧伤、希望与恐惧、兴奋与绝望之间连续不断的震撼。以电影为例，我们看电影时会随着剧情忽喜忽悲，喜怒哀乐不断地变化，但不要忘记，事实上我们自己很舒适、安全地坐在电影院中，不用亲身经历电影中复杂而极端的遭遇，却可以通过欣赏的心态，使自己的心灵好像亲身经历过那些电影情节一样，这就叫作没有压力但有情感的内涵。实际上我们已经把这些情感的重负从我们的肩上卸下，我们所感到的只是其内在运动，感受到它们的震颤和摇撼，而没有感受到它们的重力、压抑性力量、重量和威胁。艺术欣赏的这项特质非常重要，一方面借助于它使我们的情感得到解放，同时借助于艺术家的眼睛和感受力，感受到了我们没法看见，看见也没法表达出的感觉，可使我们心胸开阔、眼界拓宽。所以，艺术欣赏可以增加个人对生命的承受力，使生命的范围得以拓宽，因为人的生命很可悲，只能活在此时此地，只是有限时空中一个渺小的自我而已，所能遭遇的事情相当有限。事实上，只要面临一次重大变故，就足以耗尽生命当中极大的能量。因此通过电影等艺术，可以使人不必真的身历其境就可以感受到那些情感所带来的震撼，在几个极端之间不断地摆荡，使人可以生动地参与生命，并进而深化其内涵。

正如卡西尔所说："艺术是通往自由之路。"[①] 艺术使人心灵获得了解脱。艺术是创造性的表现，在欣赏过程中，并不表示只能欣赏，事实上，欣赏亦是一种创造。看一幅画时，我并非画家，但可以通过内心的指引去理解这幅画所要表达的意义，这就是艺术欣赏的创作性格。再比如大家熟悉的一首诗——王之涣的《登鹳雀楼》：

> 白日依山尽，黄河入海流。
> 欲穷千里目，更上一层楼。

从诗本身来讲，它所要表达的意思是非常清楚的，就是一个实时实地的描述，在鹳雀楼上可以看到黄河向东流去，可以看到太阳渐渐落山。想看得更远呢，就要上得再高一点，这就是"欲穷千里目，更上一层楼"。

王之涣在写这首诗的时候，应该说是即景而生的。但后人欣赏，就可以完全脱离那个即景，抽出其中的"意"。特别是后两句"欲穷千里目，

---

① 傅佩荣.西方哲学与人生：第一卷［M］.北京：东方出版社，2013：262 - 263.

更上一层楼"，有鼓励人向前的意思，已经不是面对夕阳，登楼观赏的那个现实了。这就是由后来的欣赏者所发挥出来的意义。

所谓自由就是指人可以通过掌握某一形式，进而将变化的世界也掌握住。掌握了世界之后便可以化被动为主动，不再是被动地接受世界，而是主动地由内心出发，通过艺术品去发现世界的意义，人的自由就在此彰显了。正如卡西尔所说："此时，我们所有的被动状态都转化为积极的能量。我们所拥有的形式，不仅是我们的状态，而且是我们的行动。正是这种在我们头脑中的审美经验的性质，赋予艺术在人类文化中以独特的地位，使它在自由的教育体系中成为一个根本性的、不可或缺的因素。艺术乃是通往自由之路，它是人类心智自由的过程，而这一点正是一切教育之真正和最高的目的。艺术必须完成其自身的使命，因为这项使命是其他任何功能都无法取代的。"①

是否有可能不通过艺术而掌握这种心灵自由呢？卡西尔认为不可能。由此可知，很多人认为艺术只不过是生活中的点缀，但卡西尔认为艺术有其独立价值，如果没有艺术的陶冶，人的一生绝不可能获得真正的自由，只能生存于当下的具体世界之中，被这个世界的功利性、实用性所束缚，根本无法摆脱。生命的格局将因此而变得非常有限，只能被当下的时空或遭遇所控制。

那么是否可以通过读哲学而不要艺术呢？这当然不可能，因为哲学是使用纯粹的概念，既没有任何图像，也没有任何象征。虽然讨论哲学的时候仍会使用实例，但最后仍要忘却及超越之。此外，宗教可否取代艺术呢？同样不行，因为宗教所要求的是摆脱变化世界的束缚，进入一个永恒、超越生死的境界，艺术却是要求在变化世界中随遇而安，带来心灵上的解脱与自由。

五、活动教育

活动教育实质上就是实践教育。马克思主义认为实践是人的本质，是人的根本属性。他用实践把人的各种属性：自然性和社会性、主体性和能动性、感性和理性、自在性和超越性统一起来，把物质世界与精神世界、主观世界与客观世界统一起来。

马克思认为：第一，实践是人的生存方式，是诠释和理解人的全部活动的轴心，正是在人的实践活动中，人才能维持生存和获得发展。第二，

---

① 傅佩荣. 西方哲学与人生：第一卷 ［M］. 北京：东方出版社，2013：262–263.

实践是主观见之于客观的人的对象性活动。实践是人类特有的对象性活动，是以人为主体、以客观事物为对象的现实活动，在这一过程中，实践把人的目的、思想、知识、能力等本质力量对象化，创造出属人的世界；同时把作为对象的客体的存在形式转化成主体生命结构的构成因素，使之成为主体的一部分，丰富并提升主体的能力和素养。第三，实践是人的能动本质的体现，是自然界向人生成的内在动力。人类通过实践活动使自己成功地从动物界中分离出来，又通过"自由的、有意识的"实践活动，实现由"自在"之人到"自为"之人的转变；通过人的能动的实践活动，个体实现了理想与现实、精神与物质的有机结合和创造生成。第四，实践是人的社会关系生成的基础。实践把人与动物区分开来，又在人所赖以生存与发展的实践过程中，使人连接成"类"的社会关系，这种社会关系随着实践的变化而变化，决定着处于关系之中的个体的发展。

可以说，马克思把人的本质理解成实践，认为人的生成和发展是内部活动与外部因素共同作用的结果，人在自身的实践活动中展示了自己的本质特征，并在改变、创造客观世界的同时也在改变、创造着自身。

我国儒家也认为修行的入手处就是格物致知，然后才是修身、齐家、治国、平天下。德国哲学家雅斯贝尔斯认为，人掌握真理有两条路：一条是理性，一条是存在。理性就是用理智去找客观的对象，然后加以分析与归纳；存在就是从自我出发，像克尔凯郭尔一样，要去体验主体性真理。如果把真理放在一条路上，像传统哲学中只靠理性追求真理，雅斯贝尔斯认为这是不对的，还应该注意到存在这一面，去实际体验。

很多人是在体验增加之后了解真理的。我们也是一样，有时对于人生的真理，听老师讲了半天，似懂非懂。做个实验，你就知道这个属于物理学、化学，是属于对自然世界的认识。如果老师的课听不懂，有一天碰到一个经验，恍然大悟，才知道是这个意思，这叫作存在的途径，可以此掌握真理。

那么到底什么是主体性真理？

传统上认为真理就是思想上内容与外在的实际情况可以相符。就是思想与实在界配合，就是真理。比如，这边有一棵树，真的有一棵树，这句话就是真的。克尔凯郭尔认为，这样的真理意义不大，所以他强调真理一定是具有主体性的。什么是主体性呢？譬如，你听到别人说：诚实是应该的。听到的时候，没有感觉，但是有一天，你真的去做诚实的事情，结果别人认为你做得很好，你也认为自己做得很好，这时你就有了主体的体验，"诚实是应该的"这个真理才能实现。

对你有意义的，才是真正有意义的。听别人讲了很多道理，听了半天，都是空话。譬如，我在这边讲了半天，大多是空话，除非有一句话让你想到自己有这样的经验，有这样一种主观的、主体的感受。真理是要去活出来的，而不是听了就算了，所以这叫作主体性真理。这与我们中国人讲的实践很有关系，孔子曰："弟子入则孝，出则悌，谨则信，泛爱众，而亲仁，行有余力，则以学文。"（《论语·学而》）这说明你所学的是真理，真理是与实践有关的，是一个人人格完成的过程。

我们不能仅仅停留在认识层面，还要改造世界。如马克思所说："我们在历史的过程里，通过我们的主动创造、生产的活动，使世界变成我们要的世界，在这里也实现自己。"① 把世界变成我们的世界，这是因为人有意识，可以抉择，可以思考，用意识中的抉择和思考能力使这个世界转变成我们想要的世界，这叫化裁万物的能力。

第二节　智商的开发

智商（IQ）是指人的智力年龄与实际年龄的比例。智力是人学习过程的能力表现。美国著名教育心理学家霍华德·加德纳于1983年提出多元智能理论，认为智能是人在特定情景下解决问题并有所创造的能力，人的智能至少包括七种类型（后来增加到八九种）：

（1）言语—语言智力：是指对语言的听、说、读、写的能力，表现为个人能够顺利而高效地利用语言描述事件、表达思想并与人交流的能力。

（2）音乐—节奏智力：是指感受、辨别、记忆、改变和表达音乐的能力，具体表现为个人对音乐美感反映出的包含节奏、音准、音色和旋律在内的感知度，以及通过作曲、演奏和歌唱等表达音乐的能力。

（3）逻辑—数理智力：是指运算和推理的能力，表现为对事物间各种关系如类比、对比、因果和逻辑等的敏感，以及通过数理运算和逻辑推理等进行思维的能力。它是一种对于理性逻辑思维较显著的智力体现。

（4）视觉—空间智力：是指感受、辨别、记忆、改变物体的空间关系并借此表达思想和情感的能力，表现为对线条、形状、结构、色彩和空间关系的敏感，以及通过平面图形和立体造型将它们表现出来的能力。

（5）身体—动觉智力：运用四肢和躯干的能力，表现为能够较好地控制自己的身体，对事物能够做出恰当的身体反应，以及善于利用身体语言

---

① 傅佩荣. 西方哲学与人生：第一卷［M］. 北京：东方出版社，2013：94.

表达自己的思想和情感的能力。

（6）自知—自省智力：是指认识洞察和反省自身的能力，表现为能够正确地意识和评价自身的情感、动机、欲望、个性、意志，并在正确的自我意识和自我评价的基础上形成自尊、自律和自制的能力。（接近于逆境智商）

（7）交往—交流智力：是指与人相处和交往的能力，表现为觉察、体验他人情绪、情感和意图并据此做出适宜反应的能力，也是情商的最好展现。（接近于情感智商）

可以说，人的智能既有身体表达，又有心灵运作；既有空间伸展，又有时间韵律；既有人文理解和价值判断，又有数理抽象和逻辑推理；同时关联着情商与逆商。这些智能彼此相互联系又相互独立，每个正常人都或多或少拥有这些智能，只是各种智能发挥的程度不同或各种智能之间的组合不同而已。由于这些差异，每个人的学习兴趣、思维方式、解决问题的方式等表现出相当大的差异。

人的智能就是心智的"知"这部分。"知"是我们的认知能力，是我们的理性思考能力，那么我们如何求"知"呢？

目前，人们提倡全脑开发，既要重视自然科学的学习，也要重视人文学科的学习。现代脑科学研究表明，人脑是由左右半球组成的，两半球的功能是不相同的。左半脑主要具有语言、分析、计算、抽象、逻辑、对时间感觉等思维功能；右半脑具有表象、综合、直观、音乐、对空间知觉和理解等思维功能。在思考方式上，左半球是垂直的、连续的、因果式的；右半球是并行的、发散的、整体式的。在这两个功能不同的大脑半球之间有两亿多条神经纤维束——胼胝体，从而使两半球的功能互相配合、互相补偿，以保证大脑功能的高度统一。同时开发大脑两半球的功能，才能最大限度地激发人的创造潜能。

脑科学以及思维科学的研究表明，创造性思维能力的发展，不仅需要缜密的逻辑思维能力，而且需要直接理解和判定的直觉思维能力，两种思维相互结合，有助于产生新的思想、新的形象、新的方法。特别是右脑的认知风格，与一个人的创造性思维能力高度相关。右脑认知风格具有知觉敏锐、跳跃猜测、记忆广阔、善于联想、富于想象的特点，它使直觉思维的作用更为突出。这首先表现为易于打破原有的思维定式，建构新观念、新结构。其次表现为直觉思维的丰富想象和自由联想，能够调动思维主体各个思维元素，使大脑的几个部分同时参与思维过程，形成一种新的联系。最后表现为直觉思维常常是借助于智力图像（即视觉图像）而不是概念来反映对象的结果。智力图像与具体的感性形象不完全相同，是在某种程度上抽象化了的形象，正是这种图像所具有的综合特征，使其具有从整体上把握对象的功能。

目前，小学阶段的学习是综合课的学习，应该重点培养体育和美育，体育使人身体健康，美育使人心理和谐，这样身心平衡可以使人走得久远。中学阶段的学习是分科学习，在高中阶段由过去文理分科到现在文理不分科。数学、物理、化学和生物等自然学科的学习可以培养学生的逻辑思维能力；语文、政治、历史和地理等人文与社科类的学习可以培养学生的形象思维、发散性思维以及辩证思维；美术、音乐等艺术类课程的学习可以重点培养学生的形象思维、直观思维。

虽然每一种单一的思维都可以表现创造性，但是任何一种新成果都不可能是单一思维的结果，而是多种思维综合的结果，只不过可能其中某一种思维占优势。通过各门学科的学习使我们大脑的潜能充分发挥出来，促进了我们思维能力的发展，但是这些思维能力主要是理性思维能力，这个"我"是理性的"我"，理性的"我"要通达灵才能转变为真正的"我"。我们可以通过《奥义书》的比喻来了解这个变化无常的、复杂的自我：

身体是车，拉车的马是感官，缰绳是控制感官的心智，心智的决策机能是御者。车子的主人是无所不知的真我。这个无限我与有限我分开了。

身体是车，拉车的马是感官，因此一个人活在世界上，如果没有任何学习的机会，就会被感官带着走。要驾马车必须把马套上缰绳，以免它乱跑，而这个缰绳就是心智发出的意，心智要判断感官（情）该如何运作。御者是驾马车的人，相当于人的理性，也就是决定心智该往哪里走的人。然而更重要的是，车子的主人是坐在马车里面真正的自我。也就是说，马车夫（心智中的理性）的缰绳（心智中理性发出的命令或者心智中的意）控制马（感官或者情），但是最后的决定权则在车里面的主人，他具有无上的权威。而这个主人平常是看不到的，只看到一个人驾着马车在跑。

由此可知，无限我与有限我分开了。有限我是我们可以看到的部分，而在马车里面看不到的主人则是无限我。换句话来说，只有当一个人把自己从感官的世界、心智的思考中解脱出来，才能体认真正的自我，而这个自我就是无限我。

如何通达这个灵性的我、无限我呢？从有限我到无限我，要求跳开自己看自己，要跳脱出去，从外面看自己，故没有一条直通的路，所以必须通过理性的觉悟或者通过顿悟，才能掌握那个灵性的我——无限我。

德国著名哲学家雅斯贝尔斯强调，教育的原则是通过现存世界的全部文化导向人的灵魂觉醒之本源和根基，而不是导向由原初派生出来的东西和平庸的知识。真正的教育主要通过师生对话展开，在苏格拉底式对话教学中，对话便是真理敞亮和思想本身的实现。在思想的哲学构造中，对话是真理间接传达的一种形式。对话的唯一目标便是对真理的本然之思。其过程首先是解放被理性限定的，但有着无限发展可能和终极状况的自明性；然后是对纯理智判断力的怀疑；最后则是通过构造完备的高层次智慧所把握的绝对真实，以整个身心去体认和接受真理的内核和指引。雅斯贝尔斯认为教育就是引导回头，即教育是顿悟的艺术。所谓顿悟，是与人的理智相关的一个概念。它并不呈现为别人的给予或目所能及之类的感官层次。相反，它是灵魂的眼睛抽身返回自身之内，内在地透视自己的灵肉，知识也必须随着整个灵魂围绕着存在领域转动。由于教育的这一神圣本源，因此在其藏而不露的力量中一向存在着精神体认的财富，但教育只有经由顿悟才能达到对整个人生的拯救，否则这种财富将失去效用。创建学校的目的，就是将历史上人类的精神内涵转化为当下生气勃勃的精神，并通过这一精神引导所有学生掌握知识和技术。

总之，智商的开发是从学习、思考到最后见证自己真正的自我的整个过程，这个无限我、灵性我，虽然看不见，但它的潜能可以是无限的。

第三节　情商的开发

情感智商（EQ）一词源自丹尼尔·戈尔曼《情感智商》一书，也就是情绪方面的IQ，这个词简称为"EQ"，中文翻译则为"情感智商"。

所谓情绪是指感觉及其相关的身心状态和行为倾向。情绪是从感觉开始，使得身心状态产生某种反应。而感觉对身心所造成的影响，最后可能会促使行动产生。譬如，人因愤怒而打架，因悲伤而哭泣。

人的情绪是很复杂的，很难将其做细致的区分。丹尼尔·戈尔曼《情感智商》将人的情绪分为八大类：愤怒、悲伤、恐惧、快乐、爱、惊讶、厌恶、羞耻。该书的作者认为情绪的分类没有一定的标准，只能根据每种情绪的强弱程度，设法对其做出尽量完整的区分。

戈尔曼在加德纳将七种智能中的第七种（人际智能）列为情感智商的范围的基础上，把情感智商扩展为五大问题：

（1）认识自己的情绪。了解自身情绪的出没与起伏，才能成为自己生活的主宰。

（2）管理自己的情绪。管理或节制，并非压抑，而是以谨慎、均衡、明智的方式去生活。

（3）激励自己朝目标前进。成就任何事都需要情绪的节制与配合，尤其是凝聚热忱。因为情绪很容易变化，若是无法掌握情绪，很难成就其他事情。

（4）认识他人情绪。从培养同理心，到学习基本的人际相处技巧。

（5）管理人际关系。所谓人缘、领导能力、人际和谐程度等，都有赖于此。

所谓情感智商，就是要认识自己的情绪并且加以管理。一个人把情绪管理得越好，表示他的情感智商越高。一个人如果不懂得管理自己的情绪，就容易受到外界环境的影响，从而无法稳定地朝着既定的目标前进。因此我们要认识及管理情绪，并且运用它来激励自己达成目标。

一、孔子的情绪教育

孔子在《论语》中常常提到两种情绪：一是"怨"，一是"耻"。这两种情绪综合起来的交汇点，则在于"恶"。以下稍做说明。

（一）怨

人生难免有怨。怨就是觉得自己受委屈，心理不平衡。怨的发展有强弱两个方向。往强的方向发展则会产生"厌、愠、怒、恶"的情绪。"厌"是讨厌，"愠"是生气，"怒"是发怒，"恶"是厌恶。往弱的方向发展则会变成"憾、悔、哀、戚"。"憾"是遗憾，没有遗憾就不会有怨恨。"悔"是后悔，我们常说"无怨无悔"。"悔"比"怨"更深刻。"哀"是悲哀。我们常把"哀怨"放在一起，"哀"的感受也比"怨"更深刻。"戚"则是哀戚，譬如，"君子坦荡荡，小人长戚戚"，小人的心里常会觉得有点闷，不大愉快。

孔子提出"怨"，是希望大家最终做到"无怨"；而提出"耻"，则是希望大家最终能够做到"有耻"。孔子认为，要做到无怨，最重要的是读诗，因为诗"可以兴，可以观，可以群，可以怨"。人生很难没有怨恨，因为人都有理想，当理想无法实现时，难免会怨天尤人。多读诗就可以消解怨恨，因为我们在诗中可以看到更多怀才不遇的人，从而了解自己并没有想象中那么糟。

（二）耻

以此为核心也可分为强弱两个发展方向。强的方向是"羞、辱、畏、惧"。"羞"代表惭愧，当一个人不能坚持德行时，就会感到惭愧。"辱"是侮辱；"畏"是害怕，如果一件事是可耻的，我们就会害怕去做这件事。"惧"就是畏惧。孔子说："知耻近乎勇。"又说："勇者不惧。"只要有耻，就会没有畏惧。弱的方向是"患、忧、疾、恶"。"患"是担心，我们担心的往往是会让自己陷入耻辱的事情；"忧"是忧虑；"疾"是对某事很不满意；"恶"是厌恶，有如恼羞成怒，这一点可以和上述谈"怨"时的"恶"联系在一起。

总结起来，"怨"是具有侵略性的，是对别人或对事物的抱怨；"耻"则是收敛性的，以"自己感到羞愧"为起点。孔子认为人必须有耻，只要有羞耻心，就不屑去做不义的事情。

由此可知，当我们有抱怨的时候，要想办法化解怨恨；当我们担心做某件事带来耻辱时，就不要去做这件事。

我们可以用《论语》一句对话做结尾。

子贡问曰："有一言而可以终身行之者乎？"
子曰："其恕乎！己所不欲，勿施于人。"

无论做什么事，都要推己及人，将心比心，以自己的感受去体会别人的感受，以自己的处境去推想别人的处境。

儒家所追求的情感智商的境界是"中和"。《中庸》强调："喜怒哀乐之未发，谓之中；发而皆中节，谓之和；中也者，天下之大本也；和也者，天下之达道也。致中和，天地位焉，万物育焉。"

二、青少年理想的情感智商基础

如何来发展我们的情感智商？据研究，青少年理想的情感智商基础主要有五点：

（1）建构自信。所谓的自信就是自己觉得能够掌握身体、言行与周围世界，相信只要努力，即可成功。人生最重要的就是自信。自信就是"相信自己"——相信自己有能力可以面对挑战，相信自己可以掌握相关条件。

（2）培养好奇心。好奇心就是喜欢探索未知之物，并由此得到乐趣。

希腊哲学家常说："哲学起源于惊奇。"一个人要有好奇心，才会对事物加以探索。探索可以增加了解并产生乐趣。换言之，"好奇、了解、快乐"是一个连串起来的循环。对事物的了解越多，就会发现世间有越多不一样的人以及不一样的生活特色。

（3）扎根自制力。要学会延迟满足，人的自我约束是很难训练的，一味地放纵与控制都是不妥的，有时候大人也很难控制自己，存在赌博、酗酒等各种问题。诱惑更是对自我约束的一大考验，许多人往往在禁不起诱惑的情况下，误入歧途。

（4）发挥意向。意向也可以称为"企图心"。这是指人生要有一个目标、一个方向；亦即要有发挥影响的意愿、能力与毅力。每个人都希望能够在社会中发生影响力，在团体中取得一定的位置。每个人都应该要有企图心，做事要有效率。只要有"这件事只要交给我做，我一定可以做好"的信念，就会产生达成目标的动力。

（5）加强沟通能力与合作，培养良好的人际关系。人是生活在群体中的，所以要有良好的沟通能力，要有同理心和同情心，和谐的人际关系有利于自己的身心发展。

这五点中，最重要的是自信，其次是自制。还要有明确的目标与意图，有了明确的奋斗目标后，才能激发一个人的生命力。

情感是生命的主要推动力。人的生命往往是通过情感表现的，情感决定我们的行动。儒家认为人性是向善的，人人皆有良知，人人皆可成圣，《中庸》开篇写道："大学之道，在明明德，在亲民，在止于至善。"通过格物致知，诚意正心，达到修身、齐家、治国、平天下。儒家的最高境界是"仁"，也就是仁爱，"仁"是生命力的核心，古人说："仁通天地。"发展"仁"后，生命力可以和天地产生呼应，亦即可以通天地。

通过博爱精神的培养，最终走向灵的世界，或者说"神明"的世界，"神明"是泛指宗教中的超越界或至上神，可以是上帝、安拉、天、道、梵、涅槃。换句话说，神明是大的灵，人身上是小的灵；人只有发展灵性，才可能回归神明，并且在回归神明时，也与别的无数的灵会合。

三、中国传统哲学的智慧

中国的哲学就是生命哲学，也是情感哲学，以情感贯穿始终，我们要善于吸取中国传统哲学的智慧，提升我们的精神世界，达到"灵"或"圣"的境界。

儒家通过礼乐并育的方式通达"仁"的境界，获得修养之乐；道家通过觉悟到"道"，以"道"来理解和观看万物。庄子曰："以道观之，物无贵贱。"从道的角度看，万物并无贵贱之分。庄子又曰："天地与我并生，而万物与我为一。"庄子把人的精神提升到灵明的境界，所看到的世界不再是人间的相对世界了，不会再为一切小事而斤斤计较了。这就是道家的觉悟之乐。

佛教通过破除无明寻求解脱。因为人生在世，总有各种痛苦及业障，束缚了人的心灵，使人常在生灭烦恼中打滚。佛教对"苦"的描写十分清晰：生、老、病、死、忧、悲、苦、恼、爱别离、怨憎恨、求不得、贪、嗔、痴，都是人的生命及七情六欲所无法避免的。细究原因，则是"无明"。在没有智慧、缺少光明的情况下，以假为真，以妄为实，自寻烦恼，永无宁日。最后一切行动都在造孽，有如滚滚红尘，形成天罗地网。这种可怕的状况，怎能忍受片刻？又怎能不想要求得到解脱？

因此，宗教的目的在劝人"能舍"。只要看得破，自然比较容易放得下，就是不再执着于自我的得失成败，进而发挥博爱的精神。唯有"无我"，就是无私忘我，才能真正爱人助人。为了到达"圣"的理想，必须"德慧双修"或"悲智双运"，一方面有大悲愿，积德行善；另一方面有大智慧，看破一切迷惘与幻觉，然后人的心灵才能步步登上圣的境界。

的确，宗教讲究的是"永恒"。如果用"永恒"的眼光看待人间，谁还会热衷于说世俗的成就与享乐？"以出世精神，做入世事业"，坚持原则，永不退缩，牺牲奉献，死而后已。所以，通过信仰教育，也可以使人摆脱物质与欲望，提升人的思想境界，向着"永恒"努力，从而真正发挥自我的一切潜能。

第四节　逆商的开发

海德格尔说，人是被抛入这个世界中的，并没有经过自己的允许，注定人的一生不可能一帆风顺。

人除了智商（IQ）、情商（EQ）外，还有逆商（AQ）。智商是由"知"的潜能发展出来的；情商是由"情"的潜能孕育而成的；逆商则是针对"意"的潜能而来。所谓逆商，即"逆境智商"，就是指一个人在面对不如意时的回应能力。主要与一个人意志力有关。它是一个人处于困难处境中，能否保持希望、保持奋斗的决定因素。换言之，认识逆境智商，将使一个人知道自己能否发挥潜能、克服障碍、坚持到底。

智商与情商主要侧重于"坐而言"的阶段，逆境智商则是起到"起而行"的作用了。一个人就算智商很高，如果不能下定决心用功读书，再聪明也是枉然；同样，一个人即使情商很高、个性温和，如果无法集中情绪能量，朝着目标迈进，也没有成功的希望。如何将情绪转化为一种动力，使自己坚定不移地克服各种困难，并且抵达目标，那就和一个人的逆商有关系了。

斯托尔兹在《逆境智商》一书中，把一个人比喻成一棵成功之树。

树根：是指一个人出生时所具有的条件以及生命早期所培养出来的特色。包括遗传、教养与信心。这是埋在地底下，不为人所知的部分。

树干：包括了健康、智能、品格。

树枝：是指履历表而言，就像树枝是从树干延伸出来的。树枝代表着才干与意向。才干是自身已经拥有的条件，如你的毕业学校、经历等；意向则是对未来的期许与企图，代表一个人的动机、热情和野心。

树叶：是一个人的具体表现，也是各方面成就的总体，譬如人际关系、收入、工作成绩、别人评价。树叶越茂盛，表示成就越可观。

泥土：就是逆境，代表了成功的基础，它决定一个人的态度以及如何在世界上施展能力。

借成功之树的象征来凸显逆境智商的重要性。涵养树木的土壤就是逆境智商，提供了树木成长所需的养分。

一个人会时不时地面对社会、工作以及自身带来的逆境。如何来面对这些逆境呢？

面对逆境时，人生存在着三种态度：止步不前的放弃者、半途而废的中辍者、永不退缩的攀登者。

放弃者停止了奋斗，生命的潜能无法释放，就会使一个人变得麻木不仁，对生命失去热情，对自己也逐渐失望。

热情对人而言非常重要。当一个人怀有热情时，整个人的感觉、心态都会充满活力。爱迪生在发明电池之前，经历了 5 万次的失败。周围所有的人都劝他放弃这项实验，认为 5 万次的研究都没有成果，根本不可能成功了。可是爱迪生本人却不这么认为，他认为自己已经发现了 5 万种失败的方法，怎么能说是没有成果？换言之，每次的失败都是一个经验，经验的累积就是成功的基石。由此可见，对于科学的热情，让爱迪生能够站在与别人不同的角度，去看待一件相同的事情。

放弃者处于马斯洛"需求理论"中的最低两层，也就是生理的需求与安全的需求。生理需求是满足吃饱喝足的欲望，安全需求则是"免于恐惧的自由"。这种安全是消极的，而不是积极的。所谓积极，是指能够主动去创造安全的环境，并谋求进一步的发展。当然在现实中很难找到一个完全的放弃者，就算一个人出现放弃者的心态，但是基于现实的考量，仍然必须打起精神继续工作。

中辍者满足于现状，不再进取，得过且过，不愿冒险。他们处于需求理论的中间两层，也就是爱与归属的需求和尊重的需求。换言之，他可以达到初步的成就，但是无法进入自我实现的阶段，能够进入自我实现阶段的，是最后一种人，也就是所谓攀登者。

一个人是否能够坚持下去，往往在于他的观念与信念。攀登者终其一生，直到离开世界的那一刻，都不会有停下来的时候。他促使自身的修养、境界不断提升，不断朝着灵的层次去努力。

攀登者所谈的是"行动"，而不是理由。他们处于需求理论中的最高层，也就是要从自我实现走向自我超越。一个人只有自我实现是不够的，还必须朝着自我超越去努力。

人生是一种趋势，必须为人生寻找到一个方向。但是当人遭受挫折时，难免会出现无助和无望。人除了遭受外在的挫折外，还要遭遇内在的痛苦和绝望，就如克尔凯郭尔所说，人生有三种绝望：不知道有自我、不愿意有自我和不能够有自我。这里的"绝望"不是一般人谈到的绝望，如失业的绝望、落榜的绝望、房子倒塌的绝望等，事实上，这些都不能算是真正的绝望。真正的绝望是一种内在的体验，无关乎外在目标的达成与否。

一、不知道有自我

这种绝望是指，一个人在世界上奋斗了许久，却不知道自己在追求什么。有追求代表有欲望，有欲望则代表一个人愿意激发内在潜能，朝着目标奋斗。然而许多人根本不知道自己在追求什么，也不知道追求什么才能得到真正的安顿，这是由于我们不知道有"自我"。

我们从小被教导、被塑造来迎合社会的需要，学习如何追求成功。然而，这种成功是相当外在化的（拥有房子、车子、家庭……），人的生命绝对不应该只满足于这些东西。因此克尔凯郭尔认为，如果人不知道有自我，庸庸碌碌过了一生，到最后也只是一场空，这样的人生没有意义。

二、不愿意有自我

当一个人发现了自我之后，接下来必须问："愿不愿意有自我？"有些人发现自我以后，却不愿意有自我，因为要独自面对自己不是一件容易的事。因为有了自我，就意味着人必须开始为自己负责，而为自己负责的压力是非常沉重的。

一个人是否要成为自我，必须通过自己的选择。如果不愿意成为自我，也会感到绝望（不愿意成为自我又能成为谁呢?），这就是不愿意有自我的绝望。

三、不能够有自我

假设一个人愿意成为自我，努力做一个真诚的人，最后却发现不能成为自我，不能"有"自我（这里的"有"是"是"的意思），这时候常会觉得自己能力不够，而必须走很长的路来实现自我，因此会感到非常绝望。坚持走自己的道路是非常孤单的，而坚持下去是否会有好的结果更是未知数。

克尔凯郭尔是一个宗教信徒，因此他通过对宗教的信仰来面对这种不确定性，通过信仰，能够让人做出抉择，并且活出特定的生命形态。

克尔凯郭尔认为人生有三个阶段：感性阶段、伦理阶段、宗教阶段。

（1）感性阶段。一个人在青少年阶段往往以感性为主，所谓"感性"，可以用一句话来形容，就是"今朝有酒今朝醉"。通常只看到当下、现在，而不想过去和未来。感性阶段的特色是"外驰"，亦即"向外追逐"。只有今天，没有明天，而过去的自己又不再回来，因此生命好像落在中间，无所依持。因此，他们会感到忧郁。如果此时开始思考："为什么我会走到今天这一步呢?"这时候就面临抉择，这就如同置身于悬崖边，前方是一片迷雾，必须选择是否要"跃"过去。若选择跳过去，就能进入伦理阶段。

（2）伦理阶段。这一阶段的特色是"向内要求自己"。比如要做一个诚实的人，要信守承诺等，可以把过去、现在、未来连贯起来，生命变得完整了。然而伦理阶段并不是终点，仍然要继续向上提升，因为即使一个人道德上不曾有过失，并不尽然表示他的道德水平真的优于其他人，有可能只是因为他不曾受过真正的诱惑和试探。例如，有人拿一份公文叫你签名，只要签了就可以赚一大笔钱，难道你的内心不会挣扎吗?换句话说，很多时候只是我们没有机会碰到这种事情罢了。在现实生活中我们常常面临两难的选择，或遇上道德上的困境，这个时候则必须"依他"。此时就进入宗教阶段。

（3）宗教阶段。人的生命本质上是脆弱的，能力也是有限的，接受这个事实，并且认识宇宙之中有更大的力量，它是生命的来源，也是生命的归宿，如果没有它，人的生命根本不可靠，就如同风一吹过，芦苇就折断了一般。倘若人不运用理智去想得透彻，那么他的生命可以说毫无价值、毫无尊严。因此，这个时候我们必须问自己是否要"跃"过去——跳过去寻找一个"他"。这个"他"并不是指向外追求，而是找到了自己生命的基础，也就是诚心皈依了宗教信仰。

克尔凯郭尔被认为是存在主义的鼻祖，他为"存在"这两个字揭示了新的意义，让我们思考的角度开始转变：把人的生命当作一种在每个刹那做抉择，选择成为自己的过程。存在是一个不断选择的过程，而这个过程所需要的就是"选择成为自己"，做一个真诚的人，就是忠于自己、对自己负责。

另一位存在主义先驱人物尼采提出了"超人"概念：所谓的"超人"是指：一个人活在这个世界上，要对生命充分肯定，亦即要把生命潜能完全发挥出来。生命的潜能包括了"有形的身体"和"无形的精神"两个方面。他以两个人的结合为代表来比喻真正的超人：这两个人就是拿破仑和歌德。拿破仑代表的是身体开发出来，在有形世界获得的成就；而歌德所代表的则是精神方面，在无形世界的精神表现。

尼采提出人的精神有"三变"：骆驼、狮子、婴儿。他认为精神应该先变成骆驼，再变成狮子，最后变成婴儿。骆驼阶段就是要忍辱负重，吃苦耐劳，然后才能变成狮子，这个阶段人不再听命于他人，敢于自己承担，自己对自己负责，狮子阶段之后则是到达婴儿阶段。婴儿阶段就是生命又回到了本源，可以重新开始，它为生命提供了所有的可能性。

海德格尔说："人是走向死亡的存在者。"[①] 人只有向死而生，才能成为本真的自己，这时候，"此在"成了"存在"。海德格尔认为，一方面，人是"被抛弃"在那儿，成为"在世存在者"，与其他人共同组成这个现存的世界；另一方面，人在认知这种状况时，必须认真而严肃地考虑人生应该何去何从。

德国哲学家雅斯贝尔斯在研究了历史上各大文明的重要思想家之后，选出四个人作为人类的典范——释迦牟尼、孔子、苏格拉底、耶稣。这四个人并非一般人眼中的成功者，甚至可以说，以世俗的眼光来衡量，他们是所谓的"失败者"。然而他们的伟大之处在于，见证了人类精神之中丰富的潜能。通过四位圣哲的表率作用，人类觉悟自己具有的尊严；亦即只要看到他们，就会肯定作为一个人可以是多么伟大、多么崇高。

当然，所谓的崇高，并不是指人一生下来就是崇高的，而是指人类在面对自己的生命、走在人生路上时，必须对自己有怎样的自我期许以及希

---

① 海德格尔. 存在与时间 [M]. 陈嘉映，王庆节，译. 北京：生活·读书·新知三联书店，2014：288.

望得到何种结果，这种精神，就是四位圣哲的贡献。

人类的典范绝对不是那些靠着军事力量、政治力量称雄称霸，所谓"一将功成万骨枯"的人物（如亚历山大大帝、恺撒大帝等）。所谓人类的典范，应该是让你我这般平凡的、有着许多烦恼的人都能够效法的。他们指出，烦恼并不值得担心，因为烦恼之中能够磨炼出智慧；死亡并不值得害怕，害怕的是不知为何而死、死得糊里糊涂。

四位圣哲的共同特色，正在于他们让许多人在面对人生负面情况（如烦恼、痛苦、灾难、罪恶等）时，能够坦然以对，并通过这些困局让自己内在的精神得到淬炼。他们所表现的，在某种意义上说，也就是尼采所谓的"超人"。

人生是一场旅行，路途中会遇到很多荆棘和岔路，所以需要不断地进行选择和超越，只有选择之后，才能得到所要的结果。人不是"已做成"之物，而是不断在"造就"自己。正如法国哲学家萨特所说："存在先于本质。"①

可以说，意志潜能的开发，要求我们在意志上要具有主动权，才能化被动为主动，把自己的生命掌握在自己的手上，塑造自己喜欢的人格类型。意志的终极方向在哪里？

意志是一种缺乏状态、一种追求状态，它体现在过程中，当一个目标完成时，又会产生新的需求，如果这样不停地循环下去，如何才能到达终点呢？所以它最终回归灵的世界，走向自我超越，那是一种无私无我的境界。

以上我们讲到人的"知、情、意"的开发，它们的潜能可以说是没有限制的，就"知"的方面讲，在1960年，苏联曾经做过一项研究，结果显示，一个人大脑的潜能充分发展之后，可以很轻松地念完十所大学的课程，精通40种语言。大部分人之所以没有办法将大脑的潜能全部发挥出来，是因为我们做很多事情都没有使用大脑，久而久之习惯成了自然。同时，根据我们求学过程的经验，也让人害怕使用大脑，因此很多人在离开学校进入社会之后，第一件事就是希望再也不读书。读书这件事被学生时代的经验所窄化，到最后只要一听到读书，就觉得要考试、记重点，实在无法喜欢它。但是如果把读书视为生活中的一部分，把它当作身、心、灵持续发展的任务，那么读书将变成一件容易又愉快的事情。

至于在"情"的方面，人的情感其实具有博爱的能力，我们确实有可

---

① 王芳. 哲学原来这么有趣［M］. 北京：化学工业出版社，2013：93－94.

能慈悲为怀，去关心每个人。大部分人之所以只会关心少数人，是因为这与他们本身对事情的理解方式有关。许多人总觉得，如果自己关怀这么多人，而别人却没有关怀这么多人，那么自己不是吃亏了吗？换言之，关怀的背后其实有着更大的心理能量，如果这个能量没有发展开来，就会"计较"。一旦开始计较，所有的感情都将变质。

再就"意"的方面来说，意志是"自己做自己的主宰，化被动为主动"。意志本来也是没有限制的，希腊时代有一个哲学家说："只要我认为我快乐，即使受苦受难我也快乐，你把我绑在铁架上，拿鞭子打我，我照样快乐。"这是在说明，就算身体受到各种伤害，我们的心仍然可以做自己的主宰。这种事是可能的，要不然三国时代也不会存在关公刮骨疗伤的故事了。

由此可知，人在知、情、意方面原本都是没有限制的，而现在之所以会受到限制，有时候是我们自己没有去开发，有时候是社会上各种已经形成的框架，使人没有机会继续发展。但是人除了心智的发展之外，还需要灵性的修养。灵才能使一个人的身心活动整合起来，然后主体才能够凝聚力量，进而激发创造力。一个人若是身、心、灵无法整合，每天光是忙着应付自己内在的分裂（烦恼、痛苦等）就已经受不了了，根本没有创造的可能性；相反，如果能把自己整合起来，变成一个独立的主体，就可以团结内部资源一起对外。创造是以内在力量设法改造周围的一切，一个人要通过整合之后才可能从事创造活动。

第五节　建构完整的生命，展现生命的创造力

人是由身、心、灵构成的有机统一的整体，三者必须协调定位，朝着一致方向前进，人生才能获得圆满。心是运作的枢纽，它必须有一个遵循的方向，因为心是一种能动的状态，随时都在变化。心若是没有了方向，就会变得很被动，只要外界一有刺激，心马上会受到影响并产生反应。如此一来，人的生命将习惯受到直觉的刺激所摆布。想要化解这种情况，必须寻找一个正确的方向，而这个方向就是"灵"。

通常我们不会忘记"身"的需求，总是在追求与计较世间的有形成就。与此同时，"心"的运作也如影随形，好像人生就是身与心的竞逐场所而已，于是"灵"的角色被忽略了。无形无象的灵，真的存在吗？又如何界说清楚呢？

著名心理学家荣格累积数十年治疗精神病患的经验，提出一句著名的

警语："许多人身体健康、心智正常，但是并不快乐。"我们通常认为只要身体健康和心智正常，就可以获得快乐，但是最后发现并不快乐，原因何在？我们是否漏掉了什么重要部分？我们可以合理假设：在生命架构中，除了身与心之外，还有"灵性"层次的存在。

暂且以果树来比拟人的生命。果树的树干与枝叶，就像人的身体；所开的花，就像人的心智；所结的果，就像人的灵性。果树长大之后，若不开花，犹如心智障碍者，非常可惜；而开了花却不结果，则是灵性层次未能发展，这样的人依然是不完整、不完全、不完美的。

人的身体健康是必要的，心智成长是需要的，灵性修养却是重要的。首先，人的身体健康，还包括一个人有形可见并且可以量化的具体成就，这些是"必要"的，意思是指：非有它不可，但有它还不够；世间的名利权位如何可欲，都是不够的。其次，心智成长是需要的，因为人的"知、情、意"必须一直推陈出新。譬如，保持观念畅通，培养美好情绪，主导自我意志。心智是我们一切活动的枢纽，它的"知、情、意"可以往身体层次去追求成就，也可以往灵性层次去提升转化。于是，所谓灵性修养是重要的，意思是要以"重要"来标识人生的目的与意义。

灵性虽然是无形无象的，却是人生命的核心。正如《奥义书》所说："身体是车，拉车的马是感官，缰绳是控制感官的心智，心智的决策机能是御者。车子的主人是无所不知的真我。这个无限我与有限我分开了。"

一个人活在世界上，如果没有任何学习机会，就会被感觉带着走。只有当一个人把自己从感官的世界、心智的思考中解脱出来，才能体认真正的自我，而这个自我就是一个无限我。亦即每个人内心都有一个超越者，也就是真正的我，人不只是感官所看到的、有形体的这个人。每个人的灵或精神能量如果能发挥出来，都可以与整个宇宙相通。

身体健康虽然必要，但是它提供的是基础条件，犹如树的树干与树枝，无论长得多么粗壮，都需要开花与结果，否则岂非本末倒置？身体与世间的成就，最后是注定要消逝的。那么心智方面的成绩呢？首先从"知"来看，在现今时代，知识浩如烟海，一个人能掌握一两门专业知识就很不错了，但即使知识再渊博，如果不能转化为智慧，顶多是一个专家而已。

其次就"情"来说，一个人情绪智商很高，各种人际关系都能够顺利运作，人缘好得可以选上民意代表，但如果他没有发展出慈悲、博爱的精神，归根结底仍然未能超出"自利"范围。他的喜怒哀乐依然处于被动境地，自己能调节掌握的程度是有限的。即使经常用美感来化解情绪上的波动，但是它"来得快也去得快"，治标而无法治本，终究达不到平静安详的坦荡境界。

最后以"意"来说，一个人可以自我做主，显示独立的选择能力，走在清醒的人生道路上，但是他有必要成为君子或圣贤吗？他会愿意舍己为人，甚至杀身成仁（如孔子所云）或舍生取义（如孟子所云）吗？

因此，当我们肯定"心智成长是需要的"时，所谓的需要是指必须随着人生而不断释放其潜能，但是正如果树的花随着季节而新陈代谢，美则美矣，仍然要以"结出美好的果子"为其目的。这里所说的果子，就是人的灵性修养。

人的身心活动若想突破自我的局限，使自己不会在遇到"痛苦、罪恶、死亡"的威胁时手足无措、言行失常，或茫然不知所从，那么只有一个办法，就是开始灵性修养。

总之，如果采取宏观的角度，全面省思人生，就不得不承认身体与心智的活动及表现，终究是要结束的，那么这一切"如何"展现其意义呢？答案很清楚，要以灵性修养为其方向与目的。除此之外，还能有什么出路呢？

只有觉悟到灵，才能不再局限于个人的世界，达到与整个实在界相合一的境界。人就可以摆脱命运的束缚，自觉活在使命感的氛围中，就如孔子所说"五十而知天命"，这种使命不受身心所限，而是指向灵的层次。

人本心理学家马斯洛以"自我实现"之说而驰名于世，但是他在临终前所认真探索的却是更进一步的"自我超越"。自我实现与自我超越，两者合而观之，正是要以灵性修养来提升自我个体的限制与成就，由此登上身为一个人的最高层次，亦即成为真正的人。

总之，人活在世上，就是要以身体为基础，开出心智的花朵，结成灵性的善果，让"身、心、灵"和谐发展，这样才是理想人生。

参考文献

［1］汉斯·约阿西姆·施杜里希．世界哲学史［M］．吕叔君，译．桂林：广西师范大学出版社，2017.

［2］傅佩荣．智慧与人生［M］．北京：国际文化出版社，2005.

［3］布莱恩·麦基．哲学的故事［M］．季桂保，译．北京：生活·读书·新知三联书店，2015.

［4］傅佩荣．哲学与人生［M］．北京：东方出版社，2012.

［5］傅佩荣．西方哲学与人生［M］．北京：东方出版社，2013.

［6］约翰·鲍克．神之简史：人类对终极真理的探寻［M］．高师宁，等译．北京：生活·读书·新知三联书店，2015.

［7］吴国盛．什么是科学［M］．广州：广东人民出版社，2016.

［8］王觉仁．神奇圣人王阳明：2［M］．长沙：湖南文艺出版社，2014.

［9］朱光潜．无言之美［M］．彭锋编．北京：北京大学出版社，2013.

［10］海德格尔．存在与时间［M］．陈嘉映，王庆节，译．北京：生活·读书·新知三联书店，2014.

［11］王芳．哲学原来这么有趣［M］．北京：化学工业出版社，2013.